法規隨身讀

消防法規隨身讀

第一冊 消防管理法規

編者簡介

江軍

學歷：國立台灣科技大學建築學博士
英國劍橋大學跨領域環境設計碩士
國立台灣大學土木工程碩士
國立台灣科技大學建築與營建工程雙學士

經歷：力鈞建設有限公司總經理
職安一點通系列作者
大專院校講師

證照：職業安全管理甲級、營造工程管理甲級、建築工程管理甲級、職業安全衛生管理乙級、建築物公共安全檢查認可證、建築物室內裝修專業技術人員登記證、消防設備士、ISO14046、ISO50001主導稽核員證照。

劉誠

學歷：國立陽明交通大學產業防災碩士

證照：職業衛生技師、工業安全技師、消防設備師、消防設備士、職業安全管理甲級、職業衛生管理甲級、甲級廢棄物處理技術員、職業安全衛生管理乙級、製程安全評估人員。

消防法規隨身讀 使用說明

親愛的讀者，您好：

非常感謝您購買本系列套書。對於消防領域的考生或是從業人員來說，消防法規的系統不僅多且繁雜，內容牽涉到許多數字與時間的記憶，更是常常讓人無所適從。因此，我們特別開發了本系列「隨身讀」法規叢書，讓您不論是工作上的需求或是考試需要記憶，都可以放在口袋中隨時翻閱，不再需要厚重的法規叢書，定可讓您一舉摘金。

本書設計特色，請您務必詳閱，定能使本書發揮最大功效：

1. 依照專業類別分冊設計，您不需要一次攜帶全部的法規書。

2. 重點分別以一~三顆星，表示法規之重要程度。

3. 法條文字以橘色字體搭配紅色遮色片，讓您加強關鍵字記憶。

本書符號與標示說明：

NEW = 新修法條，根據本書出版年份最新修正的法條在前面已此符號表示。

★ = 重要度，本書以星號數作為重要度指標，三顆星為最重要，星號越少代表重要程度越低。

📖 = 參考法規附件，由於本書只收錄最重要之法規表格與附件，其他附表與附件請自行至全國法規資料庫下載。

重點 = 重要關鍵字，搭配書後紅色遮色片遮住後關鍵字即會消失。

(刪除) = 法條刪除，已刪除的法條為了避免遺漏，還是會標註於後方。

> 補充重點用框表示，中間可能有編者的額外補充說明。

敬祝 平安順心 試試順利

編者 江軍 劉誠 謹誌

消防管理法規 目錄

第一篇

消防法

民國113年11月29日

第一章 總則

第1條 NEW ★☆☆ ▢check

為預防火災、搶救災害及緊急救護，以維護公共安全，確保人民生命財產，並防護消防人員執行職務之安全及衛生，特制定本法。

第2條 ★☆☆ ▢check

本法所稱管理權人係指依法令或契約對各該場所有實際支配管理權者；其屬法人者，為其負責人。

第3條 ★☆☆ ▢check

本法所稱主管機關：在中央為內政部；在直轄市為直轄市政府；在縣(市)為縣(市)政府。

第4條 ☆☆☆ ▢check

直轄市、縣(市)消防車輛、裝備及其人力配置標準，由中央主管機關定之。

第二章 火災預防

第5條
☆☆☆
○check

直轄市、縣(市)政府，應每年定期舉辦防火教育及宣導，並由機關、學校、團體及大眾傳播機構協助推行。

第6條
★☆☆
○check

本法所定各類場所之管理權人對其實際支配管理之場所，應設置並維護其消防安全設備；場所之分類及消防安全設備設置之標準，由中央主管機關定之。
消防機關得依前項所定各類場所之危險程度，分類列管檢查及複查。
第一項所定各類場所因用途、構造特殊，或引用與依第一項所定標準同等以上效能之技術、工法或設備者，得檢附具體證明，經中央主管機關核准，不適用依第一項所定標準之全部或一部。
不屬於第一項所定標準應設置火警自動警報設備之旅館、老人福利機構場所及中央主管機關公告場所之管理權人，應設置住宅用火災警報器並維護之；其安裝位置、方式、改善期限及其他應遵行事項之辦法，由中央主管機關定之。

不屬於第一項所定標準應設置火警自動警報設備住宅場所之管理權人，應設置住宅用火災警報器並維護之；其安裝位置、方式、改善期限及其他應遵行事項之辦法，由中央主管機關定之。

第7條

★★☆

○check

依各類場所消防安全設備設置標準設置之消防安全設備，其設計、監造應由消防設備師為之；其測試、檢修應由消防設備師或消防設備士為之。

前項消防安全設備之設計、監造、測試及檢修，得由現有相關專門職業及技術人員或技術士暫行為之；其期限至本法中華民國112年5月30日修正之條文施行之日起5年止。

開業建築師、電機技師得執行滅火器、標示設備或緊急照明燈等非系統式消防安全設備之設計、監造或測試、檢修，不受第一項規定之限制。

消防設備師之資格及管理，另以法律定之。
在前項法律未制定前，中央主管機關得訂定消防設備師及消防設備士管理辦法。

第8條
☆☆☆
▢check

中華民國國民經消防設備師考試及格並依本法領有消防設備師證書者，得充消防設備師。
中華民國國民經消防設備士考試及格並依本法領有消防設備士證書者，得充消防設備士。
請領消防設備師或消防設備士證書，應具申請書及資格證明文件，送請中央主管機關核發之。

第9條
★☆☆
▢check

第六條第一項所定各類場所之管理權人，應依下列規定，定期檢修消防安全設備；其檢修結果，應依規定期限報請場所所在地主管機關審核，主管機關得派員複查；場所有歇業或停業之情形者，亦同。但各類場所所在之建築物整棟已無使用之情形，該場所之管理權人報請場所所在地主管機關審核同意後至該建築物恢復使用前，得免定期辦理消防安全設備檢修及檢修結果申報：

一、高層建築物、地下建築物或中央主管機關公告之場所：委託中央主管機關許可之消防安全設備檢修專業機構辦理。

二、前款以外一定規模以上之場所：委託消防設備師或消防設備士辦理。

三、前二款以外僅設有滅火器、標示設備或緊急照明燈等非系統式消防安全設備之場所：委託消防設備師、消防設備士或由管理權人自行辦理。

前項各類場所(包括歇業或停業場所)定期檢修消防安全設備之項目、方式、基準、頻率、檢修必要設備與器具定期檢驗或校準、檢修完成標示之規格、樣式、附加方式與位置、受理檢修結果之申報期限、報請審核時之查核、處理方式、建築物整棟已無使用情形之認定基準與其報請審核應備文件及其他應遵行事項之辦法，由中央主管機關定之。

第一項第二款一定規模以上之場所，由中央主管機關公告之。
第一項第一款所定消防安全設備檢修專業機構，其申請許可之資格、程序、應備文件、審核方式、許可證書核(換)發、有效期間、變更、廢止、延展、執行業務之規範、消防設備師(士)之僱用、異動、訓練、業務相關文件之備置與保存年限、各類書表之陳報及其他應遵行事項之辦法，由中央主管機關定之。

第10條
★★☆
▢check

供公眾使用建築物之消防安全設備圖說，應由直轄市、縣(市)消防機關於主管建築機關許可開工前，審查完成。
依建築法第三十四條之一申請預審事項，涉及建築物消防安全設備者，主管建築機關應會同消防機關預為審查。
非供公眾使用建築物變更為供公眾使用或原供公眾使用建築物變更為他種公眾使用時，主管建築機關應會同消防機關審查其消防安全設備圖說。

第11條
★★★
▢check

地面樓層達**11**層以上建築物、地下建築物及中央主管機關指定之場所，其管理權人應使用附有防焰標示之地毯、窗簾、布幕、展示用廣告板及其他指定之防焰物品。

前項防焰物品或其材料非附有防焰標示，不得銷售及陳列。

第11-1條
★☆☆
▢check

從事防焰物品或其材料製造、輸入處理或施作業者，應向中央主管機關登錄之專業機構申請防焰性能認證，並取得認證證書後，始得向該專業機構申領防焰標示。

防焰物品或其材料，應經中央主管機關登錄之試驗機構試驗防焰性能合格，始得附加防焰標示；其防焰性能試驗項目、方法、設備、結果判定及其他相關事項之標準，由中央主管機關定之。

主管機關得就防焰物品或其材料，實施不定期抽樣試驗，業者不得規避、妨礙或拒絕。

第一項所定防焰性能認證之申請資格、程序、應備文件、審核方式、認證證書核(換)發、有效期間、變更、註銷、延展、防焰標示之規格、附加方式、申領之程序、應備文件、核發、註銷、停止核發及其他應遵行事項之辦法，由中央主管機關定之。

第一項所定專業機構辦理防焰性能認證、防焰標示製作及核(換)發、第二項所定試驗機構試驗防焰性能所需費用，由申請人負擔；其收費項目及費額，由各該機構擬訂，報請中央主管機關核定。

第一項、第二項所定專業機構及試驗機構，其申請登錄之資格、程序、應備文件、審核方式、登錄證書核(換)發、有效期間、變更、廢止、延展、執行業務之規範、資料之建置、保存與申報及其他應遵行事項之辦法，由中央主管機關定之。

第12條
★☆☆
▢check

經中央主管機關公告應實施認可之消防機具、器材及設備，非經中央主管機關所登錄機構之認可，並附加認可標示者，不得銷售、陳列或設置使用。

前項所定認可，應依序實施型式認可及個別認可。但因性質特殊，經中央主管機關認定者，得不依序實施。
第一項所定經中央主管機關公告應實施認可之消防機具、器材及設備，其申請認可之資格、程序、應備文件、審核方式、認可有效期間、撤銷、廢止、標示之規格樣式、附加方式、註銷、除去及其他應遵行事項之辦法，由中央主管機關定之。
第一項所定登錄機構辦理認可所需費用，由申請人負擔，其收費項目及費額，由該登錄機構報請中央主管機關核定。
第一項所定消防機具、器材及設備之構造、材質、性能、認可試驗內容、批次之認定、試驗結果之判定、主要試驗設備及其他相關事項之標準，分別由中央主管機關定之。
第一項所定登錄機構，其申請登錄之資格、程序、應備文件、審核方式、登錄證書之有效期間、核(換)發、撤銷、廢止、管理及其他應遵行事項之辦法，由中央主管機關定之。

第13條
★☆☆
▢check

一定規模以上之建築物，應由管理權人遴用防火管理人，責其訂定消防防護計畫。
前項一定規模以上之建築物，由中央主管機關公告之。
第一項建築物遇有增建、改建、修建、變更使用或室內裝修施工致影響原有系統式消防安全設備功能時，其管理權人應責由防火管理人另定施工中消防防護計畫。
第一項及前項消防防護計畫，均應由管理權人報請建築物所在地主管機關備查，並依各該計畫執行有關防火管理上必要之業務。
下列建築物之管理權有分屬情形者，各管理權人應協議遴用共同防火管理人，責其訂定共同消防防護計畫後，由各管理權人共同報請建築物所在地主管機關備查，並依該計畫執行建築物共有部分防火管理及整體避難訓練等有關共同防火管理上必要之業務：
一、非屬集合住宅之地面樓層達11層以上建築物。
二、地下建築物。

三、其他經中央主管機關公告之建築物。

前項建築物中有非屬第一項規定之場所者，各管理權人得協議該場所派員擔任共同防火管理人。

防火管理人或共同防火管理人，應為第一項及第五項所定場所之管理或監督層次人員，並經主管機關或經中央主管機關登錄之專業機構施予一定時數之訓練，領有合格證書，始得充任；任職期間，並應定期接受複訓。

前項主管機關施予防火管理人或共同防火管理人訓練之項目、一定時數、講師資格、測驗方式、合格基準、合格證書核發、資料之建置與保存及其他應遵行事項之辦法，由中央主管機關定之。

第七項所定專業機構，其申請登錄之資格、程序、應備文件、審核方式、登錄證書核(換)發、有效期間、變更、廢止、延展、執行業務之規範、資料之建置、保存與申報、施予防火管理人或共同防火管理人訓練之項目、一定時數及其他應遵行事項之辦法，由中央主管機關定之。
管理權人應於防火管理人或共同防火管理人遴用之次日起**15**日內，報請建築物所在地主管機關備查；異動時，亦同。

第13-1條 ☆☆☆ ▢check

高層建築物之防災中心或地下建築物之中央管理室，應置服勤人員，並經主管機關或經中央主管機關登錄之專業機構施予一定時數之訓練，領有合格證書，始得充任；任職期間，並應定期接受複訓。
前項主管機關施予服勤人員訓練之項目、一定時數、講師資格、測驗方式、合格基準、合格證書核發、資料之建置與保存及其他應遵行事項之辦法，由中央主管機關定之。
第一項所定專業機構，其申請登錄之資格、程序、應備文件、審核方式、登錄證書核(換)發、有效期間、變更、廢止、延展、執行業務之規範、資料之建置、保存與申報、施予服勤人員訓練之項目、一定時數及其他應遵行事項之辦法，由中央主管機關定之。

管理權人應於服勤人員遴用之次日起15日內，報請第一項建築物所在地主管機關備查；異動時，亦同。

第14條 ☆☆☆ ▢check

田野引火燃燒、施放天燈及其他經主管機關公告易致火災之行為，非經該管主管機關許可，不得為之。

主管機關基於公共安全之必要，得就轄區內申請前項許可之資格、程序、應備文件、安全防護措施、審核方式、撤銷、廢止、禁止從事之區域、時間、方式及其他應遵行之事項，訂定法規管理之。

第14-1條 ☆☆☆ ▢check

供公眾使用建築物及中央主管機關公告之場所，除其他法令另有規定外，非經場所之管理權人申請主管機關許可，不得使用以產生火焰、火花或火星等方式，進行表演性質之活動。

前項申請許可之資格、程序、應備文件、安全防護措施、審核方式、撤銷、廢止、禁止從事之區域、時間、方式及其他應遵行事項之辦法，由中央主管機關定之。
主管機關派員檢查第一項經許可之場所時，應出示有關執行職務之證明文件或顯示足資辨別之標誌；管理權人或現場有關人員不得規避、妨礙或拒絕，並應依檢查人員之請求，提供相關資料。

第15條

NEW

★☆☆

▢check

公共危險物品與可燃性高壓氣體應依其容器、裝載及搬運方法進行安全搬運；達管制量時，應在製造、儲存或處理場所以安全方法進行儲存或處理。
前項公共危險物品與可燃性高壓氣體之範圍及分類，製造、儲存或處理場所之位置、構造及設備之設置標準、儲存、處理及搬運之安全管理辦法，由中央主管機關會同中央目的事業主管機關定之。但公共危險物品及可燃性高壓氣體之製造、儲存、處理或搬運，中央目的事業主管機關另訂有安全管理規定者，依其規定辦理。
職務涉及第一項所定場所之工作者，或經營家用液化石油氣零售事業者(以下簡稱零售業者)、用戶及其員工得向直轄市、縣(市)主管機關敘明事實或檢具證據資料，舉發違反前二項之行為。
直轄市、縣(市)主管機關對前項舉發人之身分應予保密。
第三項舉發人之單位主管、雇主不得因其舉發行為，而予以解僱、調職或其他不利之處分。
單位主管、雇主為前項行為之一者，無效。
第三項舉發內容經查證屬實並處以罰鍰者，應以實收罰鍰總金額收入之一定比例，提充獎金獎勵舉發人。
前項舉發人獎勵資格、獎金提充比例、分配方式及其他相關事項之辦法，由直轄市、縣(市)主管機關定之。

第15-1條

☆☆☆

▢check

使用燃氣之熱水器及配管之承裝業，應向直轄市、縣(市)政府申請營業登記後，始得營業。並自中華民國95年2月1日起使用燃氣熱水器之安裝，非經僱用領有合格證照者，不得為之。

前項承裝業營業登記之申請、變更、撤銷與廢止、業務範圍、技術士之僱用及其他管理事項之辦法，由中央目的事業主管機關會同中央主管機關定之。

第一項熱水器及其配管之安裝標準，由中央主管機關定之。

第一項熱水器應裝設於建築物外牆，或裝設於有開口且與戶外空氣流通之位置；其無法符合者，應裝設熱水器排氣管將廢氣排至戶外。

第15-2條 ★☆☆ ▢check

零售業者應置安全技術人員，執行供氣檢查，並備置下列資料，定期向營業所在地主管機關申報：

一、容器儲存場所管理資料。
二、容器管理資料。
三、用戶資料。
四、液化石油氣分裝場業者灌裝證明資料。
五、安全技術人員管理資料。
六、用戶安全檢查資料。
七、投保公共意外責任保險之證明文件。
八、其他經中央主管機關公告之資料。

前項資料之製作內容、應記載事項、備置、保存年限、申報及其他應遵行事項之辦法，由中央主管機關定之。
第一項安全技術人員應經中央主管機關登錄之專業機構施予一定時數之訓練，領有合格證書，始得充任；任職期間，並應定期接受複訓。
前項所定專業機構，其申請登錄之資格、程序、應備文件、審核方式、登錄證書核(換)發、有效期間、變更、廢止、延展、執行業務之規範、資料之建置、保存與申報、施予安全技術人員訓練之項目、一定時數及其他應遵行事項之辦法，由中央主管機關定之。

第15-3條 ☆☆☆ ▢check

液化石油氣容器(以下簡稱容器)製造或輸入業者，應向中央主管機關申請型式認可，發給型式認可證書，始得申請個別認可。
容器應依前項個別認可合格並附加合格標示後，始得銷售。
第一項所定容器，其製造或輸入業者申請認可之資格、程序、應備文件、認可證書核(換)發、有效期間、變更、撤銷、廢止、延展、合格標示停止核發、銷售對象資料之建置、保存與申報及其他應遵行事項之辦法，由中央主管機關定之。

第一項所定容器之規格、構造、材質、熔接規定、標誌、塗裝、使用年限、認可試驗項目、批次認定、抽樣數量、試驗結果之判定、合格標示之規格與附加方式、不合格之處理及其他相關事項之標準，由中央主管機關公告之。

第一項所定型式認可、個別認可、型式認可證書、第二項所定合格標示之核發、第三項所定型式認可證書核(換)發、變更、合格標示停止核發、撤銷、廢止、延展，得委託中央主管機關登錄之專業機構辦理之。

前項所定專業機構辦理型式認可、個別認可、合格標示之核發、型式認可證書核(換)發、變更、延展所需費用，由申請人負擔，其收費項目及費額，由該機構報請中央主管機關核定。

第五項所定專業機構，其申請登錄之資格、儀器設備與人員、程序、應備文件、登錄證書之有效期間、核(換)發、撤銷、廢止、變更、延展、資料之建置、保存與申報、停止執行業務及其他應遵行事項之辦法，由中央主管機關定之。

第15-4條 ☆☆☆ ▢check

容器應定期檢驗，零售業者應於檢驗期限屆滿前，將容器送經中央主管機關登錄之容器檢驗機構實施檢驗，經檢驗合格並附加合格標示後，始得繼續使用，使用年限屆滿應汰換之；其容器定期檢驗期限、項目、方式、結果判定、合格標示應載事項與附加方式、不合格容器之銷毀、容器閥之銷毀及其他相關事項之標準，由中央主管機關公告之。

前項所定容器檢驗機構辦理容器檢驗所需費用，由零售業者負擔，其收費項目及費額，由該機構報請中央主管機關核定。

第一項所定容器檢驗機構，其申請登錄之資格、儀器設備與人員、程序、應備文件、登錄證書之有效期間、核(換)發、撤銷、廢止、變更、延展、資料之建置、保存與申報、合格標示之停止核發、停止執行業務及其他應遵行事項之辦法，由中央主管機關定之。

第15-5條 ☆☆☆ ▢check

第十五條第一項所定公共危險物品及可燃性高壓氣體製造、儲存或處理場所之起造人應將該場所之位置、構造及設備圖說，送請場所所在地主管機關審查完成後，始得向主管建築機關申報開工。

前項所定場所依建築法規定申請使用執照時，主管建築機關應會同前項辦理審查之主管機關檢查其位置、構造及設備合格後，始得發給使用執照。

儲存液體公共危險物品之儲槽起造人依前項規定申請使用執照前，應經中央主管機關許可之專業機構完成檢查，並出具合格證明文件。

前項儲槽達中央主管機關公告一定規模者，其管理權人於開始使用後，應委託前項之專業機構實施定期檢查，作成紀錄，並至少保存5年；公告生效前已設置之儲槽，應自公告生效之日起5年內完成初次定期檢查。主管機關得派員查核。

前二項儲存液體公共危險物品之儲槽檢查項目、方式、合格基準、定期檢查頻率及其他應遵行事項之辦法，由中央主管機關定之。

第三項所定專業機構，其申請許可之資格、程序、應備文件、審核方式、設備器具、許可證書核(換)發、有效期間、變更、廢止、延展、執行業務之規範、資料之建置、保存與申報及其他應遵行事項之辦法，由中央主管機關定之。

第四項達一定規模應實施定期檢查之儲存液體公共危險物品之儲槽，中央目的事業主管機關另有定期檢查規定者，依其規定辦理。

第15-6條 ☆☆☆ ▢check

製造、儲存及處理公共危險物品合計達管制量30倍以上場所之管理權人，應遴用保安監督人及保安檢查員辦理下列事項：

一、責由保安監督人訂定消防防災計畫後，由管理權人報請場所所在地主管機關備查，並依該計畫執行有關危險物品管理必要之業務。

二、責由保安檢查員執行構造、設備之維護及自主檢查等事項。

保安監督人應為前項場所之管理或監督層次人員，其與保安檢查員應經中央主管機關登錄之專業機構施予一定時數之訓練，領有合格證書，始得充任；任職期間，並應定期接受複訓。

前項所定專業機構，其申請登錄之資格、程序、應備文件、審核方式、登錄證書核(換)發、有效期間、變更、廢止、延展、執行業務之規範、資料之建置、保存與申報、施予保安監督人與保安檢查員訓練之項目、一定時數及其他應遵行事項之辦法，由中央主管機關定之。

第一項之管理權人應於保安監督人及保安檢查員遴用之次日起**15**日內，報請第一項場所所在地主管機關備查；異動時，亦同。

依第十三條規定遴用之防火管理人具備第二項所定保安監督人資

格者，得兼任第一項規定之保安監督人。
依第十三條第一項規定訂定之消防防護計畫已納入消防防災計畫內容者，管理權人得免依第一項規定責由保安監督人訂定消防防災計畫。

第三章 災害搶救

第16條
★☆☆
▢check

各級消防機關應設救災救護指揮中心，以統籌指揮、調度、管制及聯繫救災、救護相關事宜。

第17條
☆☆☆
▢check

直轄市、縣(市)政府，為消防需要，應會同自來水事業機構選定適當地點，設置消防栓，所需費用由直轄市、縣(市)政府、鄉(鎮、市)公所酌予補助；其保養、維護由自來水事業機構負責。

第18條
☆☆☆
▢check

電信事業應視消防需要，設置主管機關報案電話設施。
任何人不得無故撥打主管機關報案電話，或謊報火警、災害、人命救助、緊急救護情事。

主管機關為執行火警、災害搶救、人命救助或緊急救護任務，得向電信事業查詢或調取待救者通信紀錄及其個人相關資訊，電信事業不得拒絕。

主管機關及電信事業經辦前項資訊相關作業之人員，對於作業之過程及所知悉資料之內容，應予保密，非有正當理由，不得洩漏。

第19條

☆☆☆

▢check

消防人員因緊急救護、搶救火災，對人民之土地、建築物、車輛及其他物品，非進入、使用、損壞或限制其使用，不能達緊急救護及搶救之目的時，得進入、使用、損壞或限制其使用。

人民因前項土地、建築物、車輛或其他物品之使用、損壞或限制使用，致其財產遭受特別犧牲之損失時，得請求補償。但因可歸責於該人民之事由者，不予補償。

第19-1條

☆☆☆

▢check

下列場所發生火災、爆炸、公共危險物品或可燃性高壓氣體漏逸時，管理權人應立即依中央主管機關訂定並公告之對象、方式及內容完成通報：

一、石油煉製業、石油化工原料製造業、合成樹脂及塑膠製造業、塑膠製品製造業之廠區。
二、製造、儲存或處理公共危險物品合計達管制量**3000**倍以上或其他經主管機關公告之廠區。

主管機關之人員、車輛及裝備進入前項場所時，該場所之管理權人及現場人員不得規避、妨礙或拒絕。

第20條 ★☆☆ ▢check
消防指揮人員，對火災處所周邊，得劃定警戒區，限制人車進入，並得疏散或強制疏散區內人車。

第20-1條 ☆☆☆ ▢check
現場各級搶救人員應於救災安全之前提下，衡酌搶救目的與救災風險後，採取適當之搶救作為；如現場無人命危害之虞，得不執行危險性救災行動。
前項所稱危險性救災行動認定標準，由中央主管機關另定之。

第21條 ☆☆☆ ▢check
消防指揮人員，為搶救火災，得使用附近各種水源，並通知自來水事業機構，集中供水。

第21-1條 NEW ★☆☆ ▢check

消防指揮人員搶救工廠、儲存化學品之倉庫或儲存場所及一定規模以上之實驗室或倉庫火災時，其管理權人應依下列規定辦理：

一、提供場所平面配置圖及搶救必要資訊。

二、提供該場所化學品之種類、數量、位置平面配置圖及搶救必要資訊。

三、前二款之必要資訊，應依中央各主管機關之規定更新上傳至指定之網路平臺。

四、立即指派專人至現場並協助救災。

前項一定規模以上之實驗室或倉庫,由中央主管機關會商目的事業主管機關公告之。

第21-2條 ☆☆☆ ▢check

工廠、儲存化學品之倉庫及儲存場所之管理權人對於具有危害性之化學品，應於該場所明顯位置，設置危害風險標示板；危害風險有變動時，並應即時更新。

前項具有危害性之化學品範圍、項目與危害風險標示板之等級、內容、顏色、大小及設置位置，由中央主管機關公告之。

第22條
☆☆☆
▢check

消防指揮人員，為防止火災蔓延、擴大，認有截斷電源、瓦斯必要時，得通知各該管事業機構執行之。

第23條
☆☆☆
▢check

直轄市、縣(市)消防機關，發現或獲知公共危險物品、高壓氣體等顯有發生火災、爆炸之虞時，得劃定警戒區，限制人車進入，強制疏散，並得限制或禁止該區使用火源。

第24條
☆☆☆
▢check

直轄市、縣(市)消防機關應依實際需要普遍設置救護隊；救護隊應配置救護車輛及救護人員，負責緊急救護業務。

前項救護車輛、裝備、人力配置標準及緊急救護辦法，由中央主管機關會同中央目的事業主管機關定之。

第25條
☆☆☆
▢check

直轄市、縣(市)消防機關，遇有天然災害、空難、礦災、森林火災、車禍及其他重大災害發生時，應即配合搶救與緊急救護。

第25-1條 ☆☆☆ ▢check

中央主管機關為預防消防人員基於其身分與職務活動所可能引起之生命、身體及健康危害，應遴聘消防機關代表、公務人員協會代表及學者專家，組成消防人員職務安全衛生諮詢會(以下簡稱諮詢會)。

諮詢會委員任一性別比例不得少於**1/3**。

諮詢會應就消防人員之職務安全衛生政策、安全衛生管理系統、安全衛生防護設備及措施等事項提供建議。

諮詢會之組成、任務、委員之資格條件、遴聘方式及其他相關事項之辦法，由中央主管機關定之。

第25-2條 ☆☆☆ ▢check

各級消防機關應設安全衛生專責單位及置專責人員。但預算員額數未滿**200**人者，得僅置安全衛生專責人員。

各級消防機關應執行下列事項：

一、建置消防人員安全衛生管理系統。

二、提供所屬消防人員執行職務必要之安全衛生防護設備及措施。

各級消防機關應將前項各款事項公告周知所屬消防人員。

第25-3條 ☆☆☆ ○check
各級消防機關依公務人員保障法第十九條相關規定組成安全及衛生防護小組之成員，任一性別比例不得低於1/3，其消防基層人員比例不得低於1/5。

第25-4條 ☆☆☆ ○check
各級消防機關應辦理下列事項，並報請中央主管機關備查：

一、定期統計及評估消防人員安全衛生管理系統之建置成效。

二、消防人員因其工作場所、作業活動或其他職業上原因，引發疾病、傷害、失能或死亡之事故，即時通報並作成調查紀錄。

第25-5條 ☆☆☆ ○check
中央主管機關或其委託之團體、機關(構)及學校，得查核各級消防機關消防人員安全衛生管理系統之建置情形，並由中央主管機關公告查核結果。

前項查核結果，績效良好者，中央主管機關得予獎勵及公開表揚；

執行不力者，得令其改善及提出懲處建議。

第25-6條 ☆☆☆ ▢check

各級消防機關對於所屬消防人員得定期實施特定項目之健康檢查，必要時，並得實施臨時健康檢查；其檢查之項目及方式，由中央主管機關會商衛生、環保等相關機關定之。

消防人員有接受前項健康檢查之義務。

第一項健康檢查應由中央衛生主管機關評鑑合格之區域醫院或醫學中心為之；健康檢查紀錄應由各級消防機關予以保存，並負擔健康檢查費用；實施臨時健康檢查時，各級消防機關應提供救災作業經歷資料予醫院。

各級消防機關對於所屬消防人員健康檢查之結果，應通報中央主管機關備查，以作為與其職務相關疾病預防之必要應用。

第25-7條 ☆☆☆ ▢check

各級消防機關對所屬消防人員應施以執行職務與預防災變所必要之安全衛生教育及訓練；消防人員有接受之義務。

前項必要之安全衛生教育與訓練事項、訓練單位之資格條件、管理及其他應遵行事項之規則，由中央主管機關定之。

第25-8條 ☆☆☆ ▢check

各級消防機關應考量消防人員性別、年齡、身心障礙等因素之特殊需要提供適當之環境、安全衛生防護設備及措施。

各級消防機關對於女性妊娠中或分娩後未滿二年之消防人員，除應提供適當之環境、安全衛生防護設備及措施外，並應依醫師適性評估建議，採取勤務調整或必要之健康保護措施。

第25-9條 ☆☆☆ ▢check

各級政府辦理消防人員之安全衛生防護設備、措施及健康檢查所需經費，應優先編列預算支應。

第四章 災害調查與鑑定

第26條 ☆☆☆ ▢check

直轄市、縣(市)消防機關，為調查、鑑定火災原因，得派員進入有關場所勘查及採取、保存相關證物並向有關人員查詢。

火災現場在未調查鑑定前，應保持完整，必要時得予封鎖。

第26-1條 NEW ☆☆☆ ▢check

火災受害人或利害關係人得向主管機關申請火災證明或火災調查資料。

申請前項火災證明或火災調查資料之程序、範圍、資格限制、應備文件、審核方式、期間及其他應遵行事項之辦法，由中央主管機關定之。

第27條 ★☆☆ ▢check

直轄市、縣(市)政府，得聘請有關單位代表及學者專家，設火災鑑定會，調查、鑑定火災原因；其組織由直轄市、縣(市)政府定之。

第27-1條 ★☆☆ ▢check

各級主管機關為調查消防及義勇消防人員因災害搶救或其他消防勤務致發生死亡或重傷或受傷程度符合公教人員保險失能給付標準之失能等級事故之原因，應聘請相關機關(構)、團體代表、學者專家及基層消防團體代表，組成災害事故調查會(以下簡稱調查會)。

調查會應製作事故原因調查報告，提出災害搶救改善建議事項及追蹤改善建議事項之執行。
調查會為執行業務所需，得向有關機關(構)調閱或要求法人、團體、個人提供資料或文件。調閱之資料或文件業經司法機關或監察院先為調取時，應由其敘明理由，並提供複本。如有正當理由無法提出複本者，應提出已被他機關調取之證明。
第一項調查會，其組成、委員之資格條件、聘請方式、處理程序及其他應遵行事項之辦法，由中央主管機關定之。

第五章 民力運用

第28條
NEW
☆☆☆
▢check

直轄市、縣(市)政府，得編組義勇消防組織，協助消防、緊急救護工作；其編組、訓練、演習、服勤及其他相關事項之辦法，由中央主管機關定之。
前項義勇消防組織所需裝備器材之經費，由中央主管機關補助之。
參加第一項義勇消防組織人員之

安全衛生防護事項，得準用第二十五條之二第二項、第二十五條之四、第二十五條之六第一項及第三項規定。

第29條 ☆☆☆ ▢check

依本法參加義勇消防編組之人員接受訓練、演習、服勤時，直轄市、縣(市)政府得依實際需要供給膳宿、交通工具或改發代金。參加服勤期間，得比照國民兵應召集服勤另發給津貼。

前項人員接受訓練、演習、服勤期間，其所屬機關(構)、學校、團體、公司、廠場應給予公假。

第30條 ★☆☆ ▢check

依本法參加編組人員，因接受訓練、演習、服勤致患病、受傷、身心障礙或死亡者，依下列規定辦理：

一、傷病者：得憑消防機關出具證明，至指定之公立醫院或特約醫院治療。但情況危急者，得先送其他醫療機構急救。

二、因傷致身心障礙者，依下列規定給與一次身心障礙給付：

(一) 極重度與重度身心障礙者：36個基數。

(二) 中度身心障礙者：18個基數。
(三) 輕度身心障礙者：8個基數。

三、死亡者：給與一次撫卹金90個基數。

四、因傷病或身心障礙死亡者，依前款規定補足一次撫卹金基數。

前項基數之計算，以公務人員委任第五職等年功俸最高級月支俸額為準。

第一項身心障礙鑑定作業，依身心障礙者權益保障法辦理。

第一項所需費用，由消防機關報請直轄市、縣(市)政府核發。

第31條
☆☆☆
▢check

各級消防主管機關，基於救災及緊急救護需要，得調度、運用政府機關、公、民營事業機構消防、救災、救護人員、車輛、船舶、航空器及裝備。

第32條
☆☆☆
▢check

受前條調度、運用之事業機構，得向該轄消防主管機關請求下列補償：

一、車輛、船舶、航空器均以政府核定之交通運輸費率標準給付；無交通運輸費率標準者，由各該消防主管機關參照當地時價標準給付。

二、調度運用之車輛、船舶、航空器、裝備於調度、運用期間遭受毀損，該轄消防主管機關應予修復；其無法修復時，應按時價並參酌已使用時間折舊後，給付毀損補償金；致裝備耗損者，應按時價給付。

三、被調度、運用之消防、救災、救護人員於接受調度、運用期間，應按調度、運用時，其服務機構或僱用人所給付之報酬標準給付之；其因調度、運用致患病、受傷、身心障礙或死亡時，準用第三十條規定辦理。

人民應消防機關要求從事救災救護，致裝備耗損、患病、受傷、身心障礙或死亡者，準用前項規定。

第六章 罰則

第33條

☆☆☆

▢check

毀損消防瞭望臺、警鐘臺、無線電塔臺、閉路電視塔臺或其相關設備者，處5年以下有期徒刑或拘役，得併科新臺幣1萬元以上5萬元以下罰金。
前項未遂犯罰之。

第34條

☆☆☆

▢check

毀損供消防使用之蓄、供水設備或消防、救護設備者，處3年以下有期徒刑或拘役，得併科新臺幣6000元以上3萬元以下罰金。
前項未遂犯罰之。

第35條

NEW

★☆☆

▢check

場所之管理權人有下列情形之一，於發生火災時致人於死者，處1年以上7年以下有期徒刑，得併科新臺幣100萬元以上500萬元以下罰金；致重傷者，處6月以上5年以下有期徒刑，得併科新臺幣50萬元以上250萬元以下罰金：

一、第六條第一項所定標準應設置消防安全設備之供營業使用場所，未依規定設置或維護消防安全設備。

二、第六條第四項所定應設置住宅用火災警報器之場所，未依規定設置或維護住宅用火災警報器。

三、第十三條第一項所定一定規模以上之建築物，未訂定消防防護計畫或施工中消防防護計畫，或未依各該計畫執行有關避難引導必要之業務。

四、第十五條第一項所定達管制公共危險物品之製造、儲存或處 場所，未符合同條第二項所定辦法中有關設置或維護場所之位置、構造或設備規定。

第十五條之六第一項所定製造、儲存及處理公共危險物品合計達管制量30倍以上場所，未訂定消防防災計畫或未依消防防災計畫執行有關避難引導必要之業務。

第35-1條 ☆☆☆ ○check

違反第十九條之一第一項規定，未立即依中央主管機關公告之對象、方式或內容完成通報者，處管理權人新臺幣10萬元以上50萬元以下罰鍰。

違反第十九條之一第二項規定，規避、妨礙或拒絕主管機關之人員、車輛或裝備進入場所者，處管理權人或行為人新臺幣2萬元以上10萬元以下罰鍰。

第35-2條 ☆☆☆ ▢check

主管機關或電信事業人員違反第十八條第四項規定，無正當理由洩漏其經辦相關作業之過程或所知悉資料之內容者，處新臺幣2萬元以上10萬元以下罰鍰。

第36條 ★☆☆ ▢check

有下列情形之一者，處新臺幣1萬元以上5萬元以下罰鍰：

一、違反第十八條第二項規定，無故撥打主管機關報案電話，或謊報火警、災害、人命救助、緊急救護情事。

二、不聽從主管機關依第十九條第一項、第二十條或第二十三條規定所為之處置。

三、拒絕主管機關依第三十一條規定所為調度、運用。

四、妨礙第三十四條第一項規定設備之使用。

第37條 NEW ★☆☆ ▢check

違反第六條第一項消防安全設備、第四項住宅用火災警報器設置、維護之規定或第十一條第一項防焰物品使用之規定者，依下列規定處罰：

一、供營業使用之場所，處場所管理權人新臺幣**2**萬元以上**30**萬元以下罰鍰，並通知限期改善。

二、非供營業使用之場所，經通知限期改善，屆期未改善，處場所管理權人新臺幣**2**萬元以上**30**萬元以下罰鍰，並通知限期改善。

依前項規定處罰鍰後經通知限期改善，屆期仍不改善者，得按次處罰，並得予以**30**日以下之停業或停止其使用之處分。

規避、妨礙或拒絕第六條第二項之檢查、複查者，處新臺幣**6000**元以上**10**萬元以下罰鍰，並按次處罰及強制執行檢查、複查。

第38條 ★★☆ ▢check

違反第七條第一項規定從事消防安全設備之設計、監造、測試或檢修者，處新臺幣**3**萬元以上**15**萬元以下罰鍰，並得按次處罰。

違反第九條第一項規定者，處其管理權人新臺幣1萬元以上5萬元以下罰鍰，並通知限期改善；屆期未改善者，得按次處罰。

中央主管機關許可之消防安全設備檢修專業機構、消防設備師或消防設備士，未依第九條第二項所定辦法中有關定期檢修項目、方式、基準、期限之規定檢修消防安全設備或為消防安全設備不實檢修報告者，處新臺幣2萬元以上10萬元以下罰鍰，並得按次處罰；必要時，並得予以1個月以上1年以下停止執行業務或停業之處分。

中央主管機關許可之消防安全設備檢修專業機構違反第九條第四項所定辦法中有關執行業務之規範、消防設備師(士)之僱用、異動、訓練、業務相關文件之備置、保存年限、各類書表陳報之規定者，處新臺幣3萬元以上15萬元以下罰鍰，並通知限期改善；屆期未改善者，得按次處罰，並得予以30日以下之停業處分或廢止其許可。

第39條

★☆☆

▢check

違反第十一條第二項規定，銷售未附有防焰標示之防焰物品或其材料；或違反第十二條第一項規定，銷售或設置未經認可或未附加認可標示之消防器具、器材或設備者，處新臺幣**2**萬元以上**10**萬元以下罰鍰，並得按次處罰；其陳列經勸導改善仍未改善者，處新臺幣**1**萬元以上**5**萬元以下罰鍰，並得按次處罰。

規避、妨礙或拒絕主管機關依第十一條之一第三項規定所為之抽樣試驗者，處新臺幣**6000**元以上**10**萬元以下罰鍰，並強制抽樣試驗。

第40條

☆☆☆

▢check

一定規模以上之建築物且供營業使用場所，違反第十三條第一項規定未由管理權人遴用防火管理人訂定消防防護計畫，或違反同條第三項規定未訂定施工中消防防護計畫者，處其管理權人新臺幣**2**萬元以上**30**萬元以下罰鍰；有發生火災致生重大損害之虞者，並得勒令管理權人停工，施工中消防防護計畫非經依同條第四項規定備查，不得擅自復工。

一定規模以上之建築物發生火災時，管理權人違反第十三條第四項規定，未依消防防護計畫執行有關防火管理上必要之業務，處新臺幣2萬元以上30萬元以下罰鍰。

有下列情形之一，經通知限期改善，屆期未改善者，處其管理權人新臺幣2萬元以上10萬元以下罰鍰：

一、一定規模以上之建築物且非供營業使用場所，違反第十三條第一項規定未由管理權人遴用防火管理人訂定消防防護計畫，或違反同條第三項規定未訂定施工中消防防護計畫。

二、違反第十三條第四項規定，未由管理權人將同條第一項及第三項之消防防護計畫報請建築物所在地主管機關備查，或未依各該計畫執行有關防火管理上必要之業務。

三、違反第十三條第五項規定，未由各管理權人協議遴用共同防火管理人訂定共同消防防護計畫，或未共同將消防防護計畫報建築物所在地主管機關備查，或未依備查之共同消防防護計畫執行有關共同防火管理上必要之業務。

四、違反第十三條第七項規定，防火管理人或共同防火管理人非該場所之管理或監督層次人員，或任職期間未定期接受複訓。

五、違反第十三條第十項規定，未於規定期限內將遴用或異動之防火管理人或共同防火管理人，報請建築物所在地主管機關備查。

六、違反第十三條之一第一項規定，高層建築物之防災中心或地下建築物之中央管理室未置領有合格證書之服勤人員，或服勤人員任職期間未定期接受複訓。

七、違反第十三條之一第四項規定，未於規定期限內將遴用或異動之服勤人員，報請同條第一項建築物所在地主管機關備查。

依第一項及前項規定處罰鍰後，經通知限期改善，屆期仍未改善者，得按次處罰，並得予以30日以下之停業或停止其使用之處分。

第41條

★☆☆

▢check

違反第十四條第一項或第二項所定法規有關安全防護措施、禁止從事之區域、時間、方式或應遵行事項之規定者，處新臺幣3000元以下罰鍰。

田野引火燃燒、施放天燈等行為。

第41-1條

★☆☆

▢check

違反第十四條之一第一項或第二項所定辦法，有關安全防護措施、審核方式、撤銷、廢止、禁止從事之區域、時間、方式或應遵行事項之規定者，處新臺幣3萬元以上15萬元以下罰鍰，並得按次處罰。

規避、妨礙或拒絕依第十四條之一第三項之檢查者，處管理權人或行為人新臺幣1萬元以上5萬元以下罰鍰，並得強制檢查或令其提供相關資料。

用明火進行表演活動。

第42條

NEW

★☆☆

▢check

第十五條第一項所定達管制量公共危險物品及可燃性高壓氣體之製造、儲存或處理場所，其儲存、處理或搬運未符合同條第二項所定辦法中有關安全管理規定者，處其管理權人或行為人新臺幣2萬元以上30萬元以下罰鍰。

第十五條第一項所定達管制量公共危險物品及可燃性高壓氣體之製造、儲存或處理場所，其位置、構造或設備未符合同條第二項所定辦法中有關設置標準規定者，處其管理權人新臺幣2萬元以上150萬元以下罰鍰。

依前二項規定處罰鍰後，經通知限期改善，屆期仍未改善者，得按次處罰，並得予以30日以下之停業或停止其使用之處分。

第十五條之六第一項規定之管理權人，未責由保安監督人訂定消防防災計畫，處新臺幣2萬元以上30萬元以下罰鍰，並通知限期改善，屆期未改善者，得按次處罰。

製造、儲存及處理公共危險物品合計達管制量30倍以上場所發生火災時，管理權人違反第十五條之六第一項規定，未依消防防災計畫執行有關危險物品管理必要之業務，處新臺幣2萬元以上30萬元以下罰鍰。

第42-1條 NEW ☆☆☆ ▢check

違反第十五條之一，有下列情形之一者，處負責人及行為人新臺幣1萬元以上5萬元以下罰鍰，並得命其限期改善，屆期未改善者，得按次處罰或逕予停業處分：

一、未僱用領有合格證照者從事熱水器及配管之安裝。

二、違反第十五條之一第三項熱水器及配管安裝標準從事安裝工作者。

三、違反或逾越營業登記事項而營業者。

第42-2條 ☆☆☆ ▢check

零售業者、專業機構、容器製造、輸入業者或容器檢驗機構有下列情形之一者，處新臺幣2萬元以上10萬元以下罰鍰，並通知限期改善，屆期未改善者，得按次處罰：

一、容器製造或輸入業者違反第十五條之三第二項規定，容器未經個別認可合格或未附加合格標示即銷售。

二、容器製造或輸入業者違反第十五條之三第三項所定辦法中有關銷售對象資料之建置、保存或申報之規定。

三、專業機構違反第十五條之三第七項所定辦法中有關儀器設備與人員、資料之建置、保存或申報之規定。

四、零售業者違反第十五條之四第一項規定，未於容器之檢驗期限屆滿前送至檢驗機構進行定期檢驗仍繼續使用，或容器逾使用年限仍未汰換。

五、容器檢驗機構違反第十五條之四第三項所定辦法中有關儀器設備與人員、資料之建置、保存或申報之規定。

有前項第一款違規情形者，其容器並得沒入銷毀。

第42-3條 NEW ☆☆☆ ▢check

有下列情形之一者，處新臺幣2萬元以上10萬元以下罰鍰，並通知限期改善，屆期未改善者，得按次處罰：

一、零售業者違反第十五條之二第一項規定，未置領有合格證書之安全技術人員。

二、管理權人違反第十五條之五第四項規定，未委託中央主管機關許可之專業機構實施儲槽定期檢查，或未依規定期限完成初次定期檢查，或儲槽定期檢查紀錄未至少保存5年。

三、第十五條之五第四項規定之儲槽經專業機構實施定期檢查之結果，不符同條第五項所定辦法中有關合格基準之規定。

四、專業機構未依第十五條之五第五項所定辦法中有關檢查項目、方式、合格基準、定期檢查頻率之規定檢查，或為不實檢查紀錄。

五、專業機構違反第十五條之五第六項所定辦法中有關執行業務之規範、資料之建置、保存或申報之規定。

六、第十五條之六第一項規定之管理權人，未將消防防災計畫報請場所所在地主管機關備查或未依消防防災計畫執行危險物品管理必要之業務，或未責由保安檢查員執行構造、設備維護或自主檢查。

七、第十五條之六第一項規定之管理權人，未遴用符合同條第二項規定資格之保安監督人或保安檢查員。

八、第十五條之六第一項規定之管理權人違反同條第四項規定，未於規定期限內將遴用或異動之保安監督人或保安檢查員，報請同條第一項場所所在地主管機關備查。

第十五條之五第四項規定之儲槽有前項第三款情形，處罰其管理權人並通知限期改善，屆期未改善者，並得令停止使用儲存液體公共危險物品儲槽。

第一項第四款之專業機構，經依同項規定處罰鍰並通知限期改善，屆期未改善者，並得予1個月以上1年以下停止執行業務或廢止許可之處分。

第一項第五款之專業機構，經依同項規定處罰鍰並通知限期改善，屆期未改善者，並得予30日以下停止執行業務或廢止許可之處分。

第42-4條 ☆☆☆ ▢check

零售業者有下列情形之一者，處新臺幣3000元以上1.5萬元以下罰鍰，並通知限期改善，屆期未改善者，得按次處罰：

一、違反第十五條之二第二項所定辦法中有關資料之製作內容、應記載事項、備置、保存年限或申報之規定。

二、違反第十五條之二第三項規定，安全技術人員任職期間未定期接受複訓。

第43條 ★☆☆ ▢check

拒絕依第二十六條所為之勘查、查詢、採取、保存或破壞火災現場者，處新臺幣6000元以上10萬元以下罰鍰。

調查、鑑定火災原因，派員查勘。

第43-1條 NEW ★☆☆ ▢check

工廠、儲存化學品之倉庫或儲存場所及一定規模以上之實驗室或倉庫之管理權人違反第二十一條之一第一項第一款規定，火災時未提供場所平面配置圖及搶救必要資訊，或提供資訊內容 偽不實者，處管理權人新臺幣5萬元以上300萬元以下罰鍰。

前項場所之管理權人違反第二十一條之一第一項第二款規定，火災時未提供該場所化學品之種類、數量、位置平面配置圖及搶救必要資訊，或提供資訊內容虛偽不實者，處管理權人新臺幣10萬元以上500萬元以下罰鍰。

第一項場所之管理權人違反第二十一條之一第一項第四款規定，未立即指派專人至現場並協助救災，處管理權人新臺幣50萬元以上1000萬元以下罰鍰。但該場所未製造、儲存或處理化學品者，處新臺幣5萬元以上300萬元以下罰鍰。

第二十一條之二第一項規定之場所管理權人對於具有危害性之化學品，違反該項規定未於該場所明顯位置設置危害風險標示板，或危害風險有變動時未即時更新；或設置標示板違反同條第二項公告有關等級、內容、顏色、大小或設置位置之規定者，處管理權人新臺幣**2**萬元以上**150**萬元以下罰鍰。

第43-2條 NEW ☆☆☆ ▢check

各級消防機關有下列情形之一，經中央主管機關或上級機關通知限期改善，屆期未改善者，處新臺幣**3**萬元以上**30**萬元以下罰鍰：

一、未依第二十五條之二第一項規定設安全衛生專責單位或置專責人員。

二、未依第二十五條之二第二項第一款規定建置消防人員安全衛生管理系統，或未依同條項第二款規定，提供所屬消防人員執行職務必要之安全衛生防護設備或措施。

第44條 ☆☆☆ ▢check

依本法應受處罰者，除依本法處罰外，其有犯罪嫌疑者，應移送司法機關處理。

第45條 ☆☆☆ ▢check

(刪除)

第 七 章 附則

第46條 ☆☆☆ ▢check

本法施行細則，由中央主管機關定之。

第47條 ☆☆☆ ▢check

本法自公布日施行。

本法中華民國113年11月12日修正之條文施行日期，由行政院定之。

第二篇

消防法施行細則

民國113年01月22日

第1條
☆☆☆
▢check

本細則依消防法(以下簡稱本法)第四十六條規定訂定之。

第2條
NEW
★☆☆
▢check

本法第三條所定主管機關，其業務在內政部，由消防署承辦；在直轄市、縣(市)政府，由所屬消防局承辦。

第3條
NEW
☆☆☆
▢check

直轄市、縣(市)主管機關每年應訂定年度計畫，結合機關、學校、團體及志工等資源，並運用傳播媒體、社區參與或辦理體驗活動等方式，經常推動防火教育及宣導。

前項年度計畫應包括下列事項：

一、前一年度轄區火災分析。

二、依前款分析規劃防火教育與宣導執行內容及時程。

三、傳統節日增加用火用電致易生火災相關預防措施之宣導。

第4條

NEW

★★★

▢check

本法第七條第一項所定消防安全設備之設計、監造、測試及檢修，其工作項目如下：

一、設計：指消防安全設備種類及數量之規劃，並製作消防安全設備圖說。

二、監造：指消防安全設備施工中須經試驗或勘驗事項之查核，並製作紀錄。

三、測試：指消防安全設備施工完成後之功能測試，並製作消防安全設備測試報告書。

四、檢修：指依本法第九條第一項規定，受託檢查各類場所之消防安全設備，並製作消防安全設備檢修報告書。

第5條

NEW

★★★

▢check

本法第十三條第一項所定消防防護計畫，應包括下列事項：

一、自衛消防編組：員工在**10**人以上者，至少編組滅火班、通報班及避難引導班；員工在**50**人以上者，應增編安全防護班及救護班。

二、防火避難設施之自行檢查：每月至少檢查**1**次，檢查結果遇有缺失，應報告管理權人立即改善。
三、消防安全設備之維護管理。
四、火災與其他災害發生時之滅火行動、通報聯絡及避難引導。
五、滅火、通報及避難訓練之實施；每半年至少應舉辦1次，每次不得少於4小時，並應事先通報當地直轄市、縣(市)主管機關。
六、防災應變之教育訓練。
七、用火及用電之監督管理。
八、防止縱火措施。
九、場所之位置圖、逃生避難圖及平面圖。
十、其他防災應變上之必要事項。

第6條
NEW
★☆☆
▢check

本法第十三條第三項所定施工中消防防護計畫，應包括下列事項：
一、施工概要、日程表及範圍。
二、影響防火避難設施功能之替代措施。
三、影響消防安全設備功能之替代措施。
四、使用會產生火源設備或危險物品之火災預防措施。

五、對員工及施工人員之防災教育及訓練。
六、火災與其他災害發生時之因應對策、消防機關之通報、互相聯絡機制及避難引導。
七、用火及用電之監督管理。
八、防範縱火及擴大延燒措施。
九、施工場所之位置圖、平面圖、逃生避難圖及逃生指示圖。
十、其他防災應變上之必要事項。

前項施工中消防防護計畫，管理權人應於施工3日前報請施工場所所在地之直轄市、縣(市)主管機關備查。

第7條
NEW
★★☆
check

本法第十三條第五項所定共同消防防護計畫，應包括下列事項：
一、共同防火管理協議會(以下簡稱協議會)之設置及運作。
二、自衛消防編組應包括指揮中心及地區隊：
(一) 指揮中心應設指揮班、通報班及滅火班，並得視需要增編避難引導班、安全防護班及救護班等，其所需人員由協議會協議組成之。

(二) 地區隊由各場所防火管理人依事業單位規模編組之。

三、防火避難設施之維護管理及自行檢查；每月至少檢查一次，檢查結果遇有缺失，應立即改善。

四、消防安全設備之維護管理。

五、火災與其他災害發生時之因應對策、消防機關之通報、互相聯絡機制及避難引導。

六、滅火、通報及避難訓練之實施；每半年至少應舉辦一次，每次不得少於4小時，並應事先通報當地直轄市、縣(市)主管機關。

七、用火及用電之監督管理。

八、防範縱火及擴大延燒措施。

九、場所之位置圖、平面圖及逃生避難圖。

十、建築物共有部分增建、改建、修建、變更使用或室內裝修工程施工中之安全對策。

十一、其他防災應變上之必要事項。

第8條

NEW

★★★

▢check

本法第十五條之六第一項第一款所定消防防災計畫，應包括下列事項：

一、自衛消防編組：員工在10人以上者，應編組滅火班、通報班及避難引導班；員工在50人以上者，應增編安全防護班及救護班。

二、公共危險物品場所消防安全設備之維護管理。

三、公共危險物品場所構造及設備之維護管理。

四、火災與其他災害發生時之滅火行動、通報聯絡及避難引導。

五、滅火、通報及避難訓練之實施；每半年至少應舉辦一次，每次不得少於4小時，並應事先通報當地直轄市、縣(市)主管機關。

六、公共危險物品場所安全管理對策：

(一) 公共危險物品之搬運、處理及儲存安全。

(二) 場所用火及用電安全。

(三) 場所施工安全。

(四) 防範縱火及擴大延燒措施。

(五) 爆炸及洩漏等意外事故之應變措施。

七、公共危險物品場所防災應變之教育訓練。

八、公共危險物品場所之位置圖、平面圖及逃生避難圖。

九、其他防災應變上之必要事項。

第9條 NEW ★☆☆ ▢check

依本法第十七條規定設置之消防栓，以採用地上雙口式為原則，消防栓規格由中央主管機關定之。

當地自來水事業應依本法第十七條規定，負責保養及維護消防栓，並應配合直轄市、縣(市)主管機關實施測試，以保持堪用狀態。

第10條 ☆☆☆ ▢check

直轄市、縣(市)政府對轄內無自來水供應或消防栓設置不足地區，應籌建或整修蓄水池及其他消防水源，並由當地消防機關列管檢查。

第11條 ☆☆☆ ▢check

直轄市、縣(市)轄內之電力、公用氣體燃料事業機構及自來水事業應指定專責單位，於接獲消防指揮人員依本法第二十一條及第二十二條規定所為之通知時，立即派員迅速集中供水或截斷電源及瓦斯。

第12條 ☆☆☆ ▢check

消防指揮人員、直轄市、縣(市)主管機關依本法第二十條及第二十三條規定劃定警戒區後，得通知當地警察分局或分駐(派出)所協同警戒之。

第13條 NEW ☆☆☆ ▢check

依本法第三十二條規定請求補償時，應以書面向當地直轄市、縣(市)主管機關請求之。

直轄市、縣(市)主管機關對於前項請求，應即與請求人進行協議，協議成立時，應作成協議書。

第14條 NEW ★☆☆ ▢check

直轄市、縣(市)主管機關依本法第二十六條第一項規定調查、鑑定火災原因後，應即製作火災原因調查鑑定書，移送當地警察機關依法處理。

直轄市、縣(市)主管機關調查、鑑定火災原因，必要時，得會同當地警察機關辦理。
第一項火災原因調查鑑定書應於火災撲滅後次日起15日內完成；必要時，得延長至30日。但有召開火災鑑定會或進行補充調查之案件，應於召開會議或完成補充調查後15日內完成。

第15條 NEW ★☆☆ ▢check

檢察、警察機關或主管機關得封鎖火災現場，於調查、鑑定完畢後撤除之。
火災現場尚未完成調查、鑑定者，應保持現場狀態，非經調查、鑑定人員之許可，任何人不得進入或變動。但遇有緊急情形或有進入必要時，得由調查、鑑定人員陪同進入，並於火災原因調查鑑定書中記明其事由。

第16條 ☆☆☆ ▢check

主管機關為配合救災及緊急救護需要，對於政府機關、公民營事業機構之消防、救災、救護人員、車輛、船舶、航空器及裝備，得舉辦訓練及演習。

第17條 ☆☆☆ ▢check

本細則自發布日施行。

第三篇

消防設備人員法

民國112年06月21日

第一章 總則

第1條 ☆☆☆ ▢check

為建立消防設備人員專業制度，提升技術服務品質，維護公共安全及公共利益，特制定本法。

第2條 ★☆☆ ▢check

本法所稱主管機關：在中央為內政部；在直轄市為直轄市政府；在縣(市)為縣(市)政府。

第3條 ☆☆☆ ▢check

本法所稱消防設備人員，指消防設備師及消防設備士。

中華民國國民經消防設備師考試及格，並領有消防設備師證書者，得充任消防設備師。

中華民國國民經消防設備士考試及格，並領有消防設備士證書者，得充任消防設備士。

第4條 ☆☆☆ ▢check

申請消防設備人員證書，應具申請書及考試及格證書，送請中央主管機關核發之。

第5條 ★☆☆ ▢check

有下列情事之一者，不得充任消防設備人員；其已充任消防設備人員者，撤銷或廢止其證書：

一、依專門職業及技術人員考試法規定，經撤銷考試及格資格。

二、因業務上有關之犯罪行為，受**1**年有期徒刑以上刑之判決確定，而未受緩刑之宣告。

第二章 執業

第6條 ★★★ ▢check

領有消防設備人員證書，具有**2**年以上消防實務經驗者，應填具申請書，並檢具相關證明文件，向第七條第一項規定之事務所、公司、有限合夥、商業、其他專業機構、工程技術顧問公司或場所(以下簡稱執業機構)所在地直轄市、縣(市)主管機關申請登記，並發給消防設備人員執業執照，始得執行業務。

直轄市、縣(市)主管機關發給消防設備人員執業執照，應公告並報請中央主管機關備查。撤銷或廢止時，亦同。

第7條

☆☆☆

▢check

消防設備人員應依下列方式之一執行業務：

一、單獨設立事務所或組織聯合事務所。

二、設立以登記消防安全設備安裝工程業或消防安全設備檢修業為營業項目之公司、有限合夥、商業或其他專業機構。

三、受聘於第一款所定之事務所或前款所定之公司、有限合夥、商業或其他專業機構。

四、受聘於依工程技術顧問公司管理條例許可及登記之工程技術顧問公司。

五、受聘於依消防法規定應辦理消防安全設備檢修之場所。

前項第一款事務所，以一處為限，不得設立分事務所。

消防設備人員以在同一執業機構執行業務為限；其執行業務區域及於全國。

第8條
★★☆
▢check

消防設備人員執業執照有效期間6年；領有該執業執照之消防設備人員，應於執業執照效期屆滿日前3個月內，檢具最近6年內經中央主管機關或其認可之機關(構)、學校、團體完成專業訓練或與專業訓練相當之證明文件，向直轄市、縣(市)主管機關申請換發執業執照。

依前項規定得辦理專業訓練之機關(構)、學校或團體，其申請認可之資格、程序、應備文件、審核方式、認可之廢止、專業訓練之時數、科目、收費金額、與專業訓練相當之方式及其他應遵行事項之辦法，由中央主管機關定之。

第9條
★☆☆
▢check

消防設備人員自行停止執業、復業、歇業、執業執照登記事項變更，或其執業機構遷移、異動執業機構至其他直轄市或縣(市)者，應自事實發生之日起算30日內，檢具執業執照，依下列規定報請原登記機關辦理：

一、自行停止執業或復業：報請備查。

二、歇業：報請廢止執業執照。
三、執業執照登記事項變更：報請變更登記。
四、執業機構遷移或異動執業機構至其他直轄市或縣(市)：報請核轉遷移或異動登記。執業機構遷入地或消防設備人員新任職執業機構所在地直轄市、縣(市)主管機關於接獲原登記主管機關通知後，應即核發執業執照，並復知原登記主管機關廢止原執業執照。

前項自行停止執業之期間，以1年為限；逾1年者，應辦理歇業。

消防設備人員執業執照之登記事項、核發、補發、換發、變更登記、核轉遷移登記、異動登記及停業、復業、歇業、遷移、異動之申請程序、應備文件及其他應遵行事項之辦法，由中央主管機關定之。

第10條
★☆☆
▢check

中央主管機關應建置消防設備人員資料庫，提供直轄市、縣(市)主管機關登錄下列事項：

一、姓名、性別、住所、身分證明文件字號。
二、出生年月日。
三、執業方式。
四、執業機構名稱及所在地。
五、消防設備人員證書字號。
六、執業執照字號與其核發年月日及效期。
七、曾受獎勵處罰種類及事由。
八、登記事項之變更。
九、開始、停止執行業務日期及復業、歇業日期。

前項第一款之姓名、性別及第三款至第九款事項，主管機關得基於增進公共利益目的公開之。

第11條
★☆☆
▢check

有下列情事之一者，不發給執業執照；已發給者，撤銷或廢止之：
一、依第五條規定，撤銷或廢止其消防設備人員證書。
二、受監護或輔助之宣告，尚未撤銷。
三、受破產之宣告，尚未復權。
四、有客觀事實足認其身心狀況不能執行業務，經直轄市、縣(市)主管機關委請2位以上相關專科醫師諮詢，並經直轄市、縣(市)主管機關認定不能執行業務。

前項第二款至第四款所定原因消滅後，仍得依本法規定申請消防設備人員執業執照。

第三章 業務及責任

第12條

★★☆

▢check

消防設備人員應依消防法第七條第一項規定執行消防安全設備之設計、監造、測試及檢修業務；其執行業務之內容、程序、方式、基準、紀錄或報告書之製作、應檢附之資料及其他應遵行事項之辦法，由中央主管機關定之。

消防設備人員執行業務所製作之圖說及書表，應由本人簽名，並加蓋消防設備人員執業圖記。

消防設備人員執行業務，應備業務登記簿，以書面或電子檔方式詳實記載委託者姓名或名稱、地址、辦理事項及處理情形，並至少保存五年。

政府機關(構)、公立學校、公營事業機構及公法人自行辦理場所消防安全設備之設計、監造、測試或檢修，得由該機關(構)、學校、事業機構或法人內所屬依法取得消防設備人員證書者為之。

第13條
★☆☆
▢check

主管機關得檢查消防設備人員之業務或令其報告，消防設備人員不得規避、妨礙或拒絕。

第14條
★☆☆
▢check

消防設備人員辦理各項業務，應遵守誠信原則，不得有下列之行為：

一、容許他人借用本人名義執行業務。

二、執行業務時，收受不法之利益，或以不正當方法招攬業務。

三、無正當理由，洩漏因業務所知悉或持有他人之秘密。

四、違反或廢弛其業務上應盡之義務。

前項第三款規定，於停止執行業務後，亦適用之。

第15條
★☆☆
▢check

消防設備人員對於公共安全及災害防救等有關消防事項，經主管機關指定應協助辦理者，非有正當理由，不得拒絕，主管機關應酌給費用。

第16條 ★☆☆ ▢check

執業消防設備人員不得兼任公務員。

第17條 ★☆☆ ▢check

受停止執行業務處分之消防設備人員，停止執行業務期間不得執行業務。

第18條 ☆☆☆ ▢check

消防設備人員執行業務成績優異者，各級主管機關得予以下列獎勵：

一、公開表揚。

二、頒發獎狀、獎牌或專業獎章。

第四章 公會

第19條 ★☆☆ ▢check

消防設備人員領得執業執照後，非加入該管直轄市、縣(市)消防設備師公會或消防設備士公會，不得執行業務；直轄市、縣(市)消防設備師公會或消防設備士公會，不得拒絕其加入。

消防設備人員依前項規定加入公會，應依該公會章程，繳納會費。

第20條 ☆☆☆ ▢check

消防設備師公會或消防設備士公會於直轄市、縣(市)組設之，並設消防設備師公會全國聯合會或消防設備士公會全國聯合會；同一行政區域內，其組織同級公會，以1個為限。
本法施行前已立案之消防設備師公會全國聯合會或消防設備士公會全國聯合會，應於本法施行之日起算1年內，依本法規定完成改組。

第21條
★★☆
▢check

直轄市、縣(市)有登記執業之消防設備師或消防設備士達9人以上者，得組織消防設備師公會或消防設備士公會；其無法組設或不足9人者，得加入鄰近直轄市、縣(市)之消防設備師公會或消防設備士公會。
消防設備師公會全國聯合會或消防設備士公會全國聯合會，應由直轄市或縣(市)消防設備師公會或消防設備士公會7個單位以上之發起組織之。
但經中央主管機關核准者，不在此限。

第22條
★☆☆
▢check

各直轄市、縣(市)消防設備師公會或消防設備士公會，應自組織完成之日起算6個月內，加入消防設備師公會全國聯合會或消防設備士公會全國聯合會，消防設備師公會全國聯合會或消防設備士公會全國聯合會不得拒絕。

直轄市、縣(市)消防設備師公會或消防設備士公會應將所屬會員入會資料，轉送至消防設備師公會全國聯合會或消防設備士公會全國聯合會辦理登錄備查。

第23條

★☆☆

▢check

各級消防設備師公會或消防設備士公會應於公會會務主管機關核准立案之翌日起**30**日內，檢具章程、會員名冊及選任職員簡歷冊，報請主管機關備查。

第24條

☆☆☆

▢check

各級消防設備師公會或消防設備士公會章程，應載明下列事項：

一、名稱、地區及會址所在地。

二、宗旨、組織及任務。

三、會員之入會及退會。

四、會員之權利義務。

五、理事長、常務理事、常務監事、理事、監事、候補理事、候補監事之名額、權限、任期及其選任、解任。

六、會員(會員代表)大會、理事會與監事會之召集程序及會議規範。
七、會員違反公會章程或公會所定規定者，停止會員權利之相關規範。
八、紀律委員會之組織及執行規範。
九、會費、經費及會計。
十、章程修改之程序。
十一、其他處理會務之必要事項。

第25條
★☆☆
▢check

各級消防設備師公會或消防設備士公會每年召開會員大會1次。必要時，得召開臨時大會。
直轄市、縣(市)消防設備師公會或消防設備士公會會員超過**300**人時，得依章程之規定劃分地區，按會員人數比例選出代表，召開會員代表大會，行使會員大會之職權。
會員(會員代表)**1/5**以上提議或經監事會決議，得以書面記明提議事項及理由，請求理事會召開臨時大會。
前項請求提出後，逾**30**日理事會

不為召開時，為該請求之會員(會員代表)或監事會，得報經公會會務主管機關許可後，自行召開臨時大會。

第26條
★☆☆
▢check

各級消防設備師公會或消防設備士公會置理事、監事，由會員(會員代表)大會選舉之，其名額如下：

一、縣(市)消防設備師公會或消防設備士公會之理事不得逾**15**人。

二、直轄市消防設備師公會或消防設備士公會之理事不得逾**25**人。

三、消防設備師公會全國聯合會或消防設備士公會全國聯合會之理事不得逾**35**人。

四、各級消防設備師公會或消防設備士公會之監事名額，不得超過各該公會理事名額**1/3**。

五、各級消防設備師公會或消防設備士公會均得置候補理事、候補監事，其名額不得超過各該公會理事、監事名額**1/3**。

前項各款理事、監事名額在3人以上者，得分別互選常務理事及常務監事，其名額不得超過理事或監事總額之1/3。常務監事在3人以上時，應互推一人為監事會召集人。

各級消防設備師公會或消防設備士公會應置理事長1人，其選任依下列方式之一辦理：

一、由理事就常務理事中選舉之；其不置常務理事者，由理事互選之。

二、由會員(會員代表)選舉之，當選者為當然之理事及常務理事。

理事、監事之任期為3年，連選連任者，不得超過全體理事、監事名額1/2。理事長之連任，以1次為限。

第27條

☆☆☆

▢check

各級消防設備師公會或消防設備士公會之公會會務主管機關及主管機關於各級消防設備師公會或消防設備士公會召開會員(會員代表)大會時，得派員列席指導。

第28條
★☆☆
▢check

各級消防設備師公會或消防設備士公會應將下列事項，分別陳報公會會務主管機關及主管機關備查：
一、章程變更。
二、會員名冊變更。
三、職員名冊變更。
四、理事、監事選舉情形及當選人姓名。
五、會員(會員代表)大會、理事會、監事會之開會日期、時間、處所及會議情形。
六、提議、決議事項。

第29條
★★☆
▢check

各級消防設備師公會或消防設備士公會有違反法令、章程或妨害公益情事者，主管機關得予警告、撤銷其決議、停止其業務之一部或全部，並限期令其改善；屆期未改善或情節重大者，得為下列之處分：
一、撤免其理事、監事。
二、限期整理。
三、廢止許可。
四、解散。

第五章 罰則

第30條
★☆☆
▢check

違反第十七條規定或第四十五條準用第十七條規定，停止執行業務期間仍執行業務者，廢止其執業執照。
經依前項規定廢止執業執照者，於廢止執業執照之日起**5**年內不受理其執業執照之申請。

第31條
★☆☆
▢check

違反第十六條規定或第四十五條準用第十六條規定兼任公務員者，撤銷或廢止其執業執照。但原因消滅後，仍得依本法規定申請執業執照。

第32條
★★☆
▢check

違反第十四條第一項第一款或第四十五條準用第十四條第一項第一款規定，容許他人借用本人名義執行業務者，處停止執行業務**6**個月以上**3**年以下，併處新臺幣**5**萬元以上**25**萬元以下罰鍰。

第33條
★☆☆
▢check

違反第十四條第一項第二款或第四十五條準用第十四條第一項第二款規定，執行業務時，收受不法之利益，或以不正當方法招攬業務者，應予以警告、申誡、停止執行業務2個月以上2年以下或廢止執業執照之懲戒處分。

第34條
★☆☆
▢check

消防設備人員或依消防法第七條第二項規定從事消防安全設備之設計、監造、測試、檢修者有前條所定情事時，主管機關、各級消防設備師公會或消防設備士公會得列舉事實，提出證據，報請消防設備人員懲戒委員會處理。

利害關係人發現消防設備人員或依消防法第七條第二項規定從事消防安全設備之設計、監造、測試、檢修者有前條所定情事時，亦得列舉事實，提出證據，報請主管機關、各級消防設備師公會或消防設備士公會，核轉消防設備人員懲戒委員會處理。

第35條
★☆☆
▢check

消防設備人員懲戒委員會對於消防設備人員或依消防法第七條第二項規定從事消防安全設備之設計、監造、測試、檢修者懲戒事件，應通知被付懲戒之消防設備人員或依消防法第七條第二項規定從事消防安全設備之設計、監造、測試、檢修者，於通知送達次日起20日內，提出答辯或到會陳述；屆期未提出答辯或到會陳述者，得逕行決議。

被懲戒人對消防設備人員懲戒委員會之決議不服，得於決議書送達之次日起20日內，向消防設備人員懲戒覆審委員會請求覆審。

消防設備人員懲戒委員會、消防設備人員懲戒覆審委員會之懲戒決議，應送由各該直轄市、縣(市)主管機關公告並執行之。

消防設備人員懲戒委員會由直轄市、縣(市)主管機關設置，消防設備人員懲戒覆審委員會由中央主管機關設置。

消防設備人員懲戒委員會及消防設備人員懲戒覆審委員會之組織、審議規則、處理程序及其他應遵行事項，由中央主管機關定之。

第36條

★★☆

▢check

未依法取得消防設備人員證書，擅自執行業務者，除有下列情形之一者外，處新臺幣20萬元以上100萬元以下罰鍰，並令其停止行為；其不停止者，得按次處罰。

但依消防法第七條第二項規定從事消防安全設備之設計、監造、測試及檢修者，不在此限：

一、緊急電源如含消防安全設備以外之電器設備，得依建築物電氣設備專業工程部分專業技師辦理簽證項目規定辦理。

二、消防安全設備之電氣及水管之管線安裝工程，得依電業法、自來水法、電器承裝業管理規則及自來水管承裝商管理辦法執行相關業務。

第37條
★☆☆
▢check

違反第十四條第一項第三款或第四十五條準用第十四條第一項第三款規定，無正當理由，洩漏因業務所知悉或持有他人之秘密者，處新臺幣**5**萬元以上**25**萬元以下罰鍰。

第38條
★☆☆
▢check

直轄市、縣(市)消防設備師公會或消防設備士公會違反第十九條第一項規定拒絕消防設備人員加入公會者，處新臺幣**5**萬元以上**25**萬元以下罰鍰。

第39條
★☆☆
○check

未依第六條第一項規定或第四十五條準用第六條第一項規定請領執業執照，或執業執照經撤銷或廢止，仍執行業務者，處新臺幣3萬元以上15萬元以下罰鍰，並令其停止行為；其不停止者，得按次處罰。

第40條
★☆☆
○check

有下列情事之一者，處新臺幣2萬元以上10萬元以下罰鍰，並令其限期改善，屆期未改善者，得按次處罰：

一、違反第七條第二項規定或第四十五條準用第七條第二項規定，設立分事務所。

二、違反第七條第三項規定或第四十五條準用第七條第三項規定，在不同執業機構執行業務。

第41條
★☆☆
○check

執行監造、測試或檢修業務，違反依第十二條第一項或第四十五條準用第十二條第一項所定辦法有關紀錄或報告書製作之規定者，處新臺幣2萬元以上10萬元以下罰鍰。

執業機構負責人對前項違規情事，未盡其防止義務者，處新臺幣2萬元以上10萬元以下罰鍰。

第42條

★☆☆

▢check

有下列情事之一者，處新臺幣1萬元以上5萬元以下罰鍰，並令其限期改善，屆期未改善者，得按次處罰：

一、違反第八條第一項規定或第四十五條準用第八條第一項規定，執業執照已逾有效期間未申請換發而繼續執行業務。

二、違反第十九條第一項規定，未加入該管直轄市、縣(市)消防設備師公會或消防設備士公會而執行業務。

第43條

★☆☆

▢check

有下列情事之一者，處新臺幣6000元以上3萬元以下罰鍰，並得按次處罰：

一、違反第十三條規定或第四十五條準用第十三條規定，規避、妨礙或拒絕主管機關所為之業務檢查或令其報告。

消設人員法

二、違反第十五條規定或第四十五條準用第十五條規定，拒絕協助辦理主管機關指定事項。

第44條
★☆☆
▢check

有下列情事之一者，處新臺幣**3000**元以上**15000**元以下罰鍰，並令其限期改善，屆期未改善者，得按次處罰：

一、違反第九條第一項規定或第四十五條準用第九條第一項規定，未報請備查、廢止、變更登記或核轉。

二、違反第十二條第二項規定或第四十五條準用第十二條第二項規定，執行業務所製作之圖說及書表未簽名或加蓋執業圖記。

三、違反第十二條第三項規定或第四十五條準用第十二條第三項規定，執行業務未備業務登記簿、業務登記簿登記缺漏、不實或保存未滿**5**年。

第六章 附則

第45條
★☆☆
▢check

依消防法第七條第二項規定從事消防安全設備之設計、監造、測試、檢修者，準用第五條至第十八條及第四十八條規定。但準用第六條第一項規定時，不受應具有2年以上消防實務經驗之限制。

第46條
☆☆☆
▢check

外國人得依中華民國法律，應消防設備人員考試。
經依前項考試及格，領有消防設備人員證書之外國人，在中華民國執行消防設備人員業務者，適用本法之規定。

第47條
☆☆☆
▢check

各級主管機關依本法應收取規費之標準，由中央主管機關定之。

第48條
★☆☆
▢check

本法施行前已依消防法第八條規定領有消防設備人員證書者，應於本法施行後2年內，依第六條規定取得執業執照；屆期未取得消防設備人員執業執照，仍繼續執行業務者，依第三十九條規定處罰。

前項人員申請執業執照，不受第六條第一項應具有2年以上消防實務經驗之限制。

第49條
☆☆☆
▢check

本法施行細則，由中央主管機關定之。

第50條
☆☆☆
▢check

本法自公布日施行。

第四篇

消防設備人員法施行細則

民國112年12月20日

第1條
☆☆☆
▢check

本細則依消防設備人員法(以下簡稱本法)第四十九條規定訂定之。

第2條
★★☆
▢check

依本法第四條規定申請消防設備人員證書者，應依其考試及格之消防設備人員類別，檢具下列文件，向中央主管機關申請消防設備師或消防設備士證書：

一、申請書。

二、考試院核發之消防設備師或消防設備士考試及格證書正本及影本。

三、身分證明文件影本。

四、最近半年內2吋正面脫帽半身照片一式2張。

五、依消防設備人員證書及執業執照收費標準(以下簡稱收費標準)繳納證書費之證明文件。

前項申請經審查合格者，應發給消防設備師或消防設備士證書；經審查不合規定且不能補正者，中央主管機關應駁回其申請，並退還所繳納之證書費；依其情形得補正者，應以書面通知申請人限期補正，屆期未補正或補正不完全者，駁回其申請，並退還所繳納之證書費。
第一項第二款之考試及格證書正本，中央主管機關應於審查完畢後發還申請人。

第3條
★☆☆
▢check

消防設備師或消防設備士證書滅失或遺失者，應填具申請書，並依收費標準繳納證書費，向中央主管機關申請補發。
消防設備師或消防設備士證書毀損或登記事項變更者，應填具申請書，登記事項變更者，另檢附變更事項證明文件，並依收費標準繳納證書費，連同原證書，向中央主管機關申請換發。

第4條
★☆☆
▢check

本法第十二條第二項所定消防設備人員執業圖記應記載姓名、消防設備人員類別、執業執照字號及執業機構名稱。

第5條 ★☆☆ ▢check

本法第十二條第三項所定消防設備人員應備之業務登記簿，其內容應包括下列事項：

一、執業機構基本資料：執業機構負責人、地址、聯絡電話、服務項目、執業圖記異動紀錄、執業執照請領及異動紀錄。

二、執業紀錄：服務案件名稱、內容與地址、辦理起訖日期、委託者姓名或名稱、聯絡電話與地址、服務契約金額、服務內容摘要及辦理情形。

第6條 ★☆☆ ▢check

本法第十九條第一項所稱該管直轄市、縣(市)消防設備師公會或消防設備士公會，指消防設備師或消防設備士辦理執業登記所在地之直轄市、縣(市)消防設備師公會或消防設備士公會。

第7條 ☆☆☆ ▢check

各級消防設備師公會或消防設備士公會之會員，以領有執業執照之消防設備師或消防設備士為限。

第8條
★☆☆
▢check

依本法第二十一條第一項規定，加入鄰近直轄市、縣(市)消防設備師公會或消防設備士公會之消防設備人員，於其辦理執業登記之直轄市、縣(市)組織消防設備師公會或消防設備士公會後，應加入該直轄市、縣(市)公會，並自其原加入之鄰近直轄市或縣(市)公會辦理出會。

第9條
★☆☆
▢check

消防設備師公會全國聯合會或消防設備士公會全國聯合會理事、監事之被選舉人，不限於直轄市、縣(市)消防設備師公會或消防設備士公會選派參加之會員代表。

直轄市、縣(市)消防設備師公會或消防設備士公會選派參加消防設備師公會全國聯合會或消防設備士公會全國聯合會之會員代表，不限於各該公會之理事、監事。

第10條
★☆☆
▢check

消防設備人員違反本法規定者，應由執行業務場所所在地直轄市、縣(市)主管機關將相關事證移由消防設備人員執業登記所在地之直轄市、縣(市)主管機關予以處分。

前項情形，執業登記所在地之直轄市、縣(市)主管機關應於知悉處分送達或懲戒處分確定之次日起5日內，於依本法第十條規定建置之消防設備人員資料庫登錄之。

消防設備人員違反本法規定，受撤銷、廢止執業執照或停止執行業務處分者，執業登記所在地之直轄市、縣(市)主管機關應副知中央主管機關、其所屬之執業機構、其他直轄市、縣(市)主管機關與該管直轄市、縣(市)消防設備師或消防設備士公會及全國聯合會。

消防設備人員受撤銷、廢止執業執照或停止執行業務之處分者，應於處分送達之次日起7日內，將執業執照繳回執業登記所在地之直轄市、縣(市)主管機關註銷或收存。未依限繳回者，由執業登記所在地之直轄市、縣(市)主管機關公告註銷之。

第11條
★☆☆
▢check

消防設備人員依本法執行業務之相關書表，應使用中文。

第12條　本細則自發布日施行。

☆☆☆

▢check

第五篇

消防設備人員執業執照登記辦法

民國113年02月01日

第1條
☆☆☆
▢check

本辦法依消防設備人員法(以下簡稱本法)第九條第三項規定訂定之。

第2條
★☆☆
▢check

已領有消防設備人員證書並具有2年以上消防實務經驗者，得檢具下列文件，向本法第七條第一項規定之事務所、公司、有限合夥、商業、其他專業機構、工程技術顧問公司或場所(以下簡稱執業機構)所在地直轄市、縣(市)主管機關提出申請登記及核發執業執照，始得執行業務：

一、申請書。

二、消防設備師或消防設備士證書正本及影本。

三、身分證明文件影本。

四、最近半年內2吋正面脫帽半身照片一式2張。

五、依本法第七條第一項第一款方式執業者，檢具事務所得作為辦公室使用之證明文件影本；依本法第七條第一項第二款至第五款方式執業者，檢具公司、有限合夥、商業、其他專業機構或場所之登記證明文件影本；依本法第七條第一項第三款至第五款方式執業者，應另檢具受聘證明文件。
六、2年以上消防實務經驗證明文件正本。
七、繳納執照費證明文件正本。
申請案不符合規定，依其情形能補正者，直轄市、縣(市)主管機關應通知限期補正；不能補正、屆期未補正或補正不完全者，應駁回其申請，並發還前項第二款至第七款文件。
申請案符合規定者，直轄市、縣(市)主管機關應予以登記及核發執業執照，並發還第一項第二款證書正本。

第3條 ★☆☆ ▢check

消防設備人員執業執照，應登記事項如下：
一、姓名及身分證明文件字號。
二、出生年月日。
三、執業機構名稱及地址。
四、消防設備人員類別及證書字號。
五、執業範圍。
六、執業執照字號與其核發年月日及有效期間。

第4條 ★☆☆ ▢check

本法第十二條第四項政府機關(構)、公立學校、公營事業機構及公法人內所屬消防設備人員自行辦理該場所消防安全設備之設計、監造、測試或檢修者，得依其領有之消防設備人員證書執行業務，免依第二條第一項規定申請登記及核發執業執照。

第5條 ★☆☆ ▢check

第二條第一項第六款所稱消防實務經驗，指下列情形之一：
一、曾於本法第七條第一項規定之事務所、公司、有限合夥、商業、其他專業機構、工程技術顧問公司實際參與消防安全設備技術或工程執行工作。

二、曾於政府機關(構)、公立學校、公營事業機構及公法人實際參與消防安全設備技術或工程執行工作。
三、曾任專科以上學校教授、副教授、助理教授或講師，並講授消防安全設備技術或工程學科2門主科。
四、曾於各級消防機關從事消防安全設備圖說審查、竣工查驗或安全檢查工作。

前項各款消防實務經驗年資得合併累計。

第一項第一款及第二款所定實際參與消防安全設備技術或工程執行工作，依其消防設備人員類別及執行業務範圍，應在消防設備師、消防設備士或其他具適當指導資格人員指導下為之；未經消防設備師、消防設備士或其他具適當指導資格人員指導之實務經驗，不予採計。

第二條第一項第六款所定2年以上消防實務經驗應為專任之工作年資。消防設備師之消防實務經驗，應包括1年以上實際參與消防安全設備設計、監造實務之經驗。

第6條
★☆☆
▢check

第二條第一項第六款所稱消防實務經驗證明文件，指下列文件之一：

一、事務所、公司、有限合夥、商業、其他專業機構、工程技術顧問公司等執業機構之登記證明文件及曾任職職務之服務證明書。

二、政府機關(構)、公立學校、公營事業機構及公法人出具曾任職職務之服務證明書。

三、教育部審查合格之教授、副教授、助理教授或講師之證書及專科以上學校之講授消防安全設備技術或工程學科2門主科證明書。

四、各級消防機關註記從事消防安全設備圖說審查、竣工查驗或安全檢查工作之公文。

前項第一款服務證明書，應經法院或民間公證人認證。

第一項第一款、第二款服務證明書，應詳載參與案件起迄時間及具體從事工作項目等相關資訊。

第一項各款消防實務經驗屬國內服務年資者，應檢具與所列服務期間相符之勞工保險紀錄影本；未參加勞工保險者，應檢具全民健康保險紀錄等相關佐證文件。

第一項第一款、第二款服務證明書係於國外製作者，應經我國駐外使領館、代表處、辦事處或其他外交部授權機構(以下簡稱駐外館處)驗證；於大陸地區或香港、澳門製作者，應經行政院設立或指定機構或委託之民間團體驗證。

第一項第一款、第二款服務證明書為外文者，應檢具經駐外館處驗證或國內公證人認證之中文譯本。

第7條
★☆☆
▢check

本法施行前，已領有消防設備師或消防設備士證書之消防設備人員，申請登記及核發執業執照時，免檢具第二條第一項第六款所定**2**年以上消防實務經驗證明文件。

消防設備士於本法施行後取得消防設備師證書，依第二條第一項規定申請登記及核發執業執照者，準用第五條第一項、第二項及第四項規定。

第8條

★☆☆

▢check

消防設備人員應於原執業執照有效期間屆滿前3個月內，檢具下列文件，向原登記主管機關申請換發執業執照：

一、申請書。

二、原執業執照正本。

三、身分證明文件影本。

四、最近半年內2吋正面脫帽半身照片一式2張。

五、積分300分以上之專業訓練或與專業訓練相當之證明文件影本。

六、繳納執照費證明文件正本。

前項第五款專業訓練或與專業訓練相當之證明文件，以原執業執照有效期間之始日至申請日間取得者為限；證明文件得以登載於消防設備人員資料庫之專業訓練或與專業訓練相當資料替代之。

申請案不符合規定，依其情形能補正者，原登記主管機關應通知限期補正；不能補正、屆期未補正或補正不完全者，應駁回其申請，並發還第一項第二款原執業執照正本。

申請案符合規定者，原登記主管機關應註銷原執業執照並換發執業執照；換發執業執照之字號應與原執業執照相同，並自原執業執照有效期間屆滿之次日起，重新計算有效期間。

消防設備人員原執業執照有效期間屆滿後，未申請換發執業執照，不得再執行業務；逾原執業執照有效期間始申請換發執業執照，除應檢具第一項第一款至第四款、第六款規定之文件外，並應檢具申請日前6年內取得之專業訓練或與專業訓練相當之證明文件。經審查符合規定者，以核發日為基準日重新計算換發之執業執照有效期間。

第9條

★☆☆

▢check

執業執照滅失或遺失者，應填具申請書，並繳納執照費，向原登記主管機關申請補發。

執業執照毀損者，應填具申請書，並繳納執照費，連同原執業執照，向原登記主管機關申請換發。

依前二項規定補發或換發之執業執照，其有效期間至原執業執照有效期間屆滿之日止。

第10條 ★☆☆ ▢check

本法第九條第一項第三款所稱執業執照登記事項變更，指下列情形之一：

一、第三條第一款至第三款登記事項之變更。

二、於同一直轄市、縣(市)內變更執業機構。

消防設備人員應於前項執業執照登記事項變更之次日起30日內，檢具下列文件，向原登記主管機關報請變更登記：

一、申請書。

二、原執業執照正本。

三、執業執照登記事項變更之證明文件。

四、須換發執業執照時，繳納執照費證明文件正本。

前項登記事項變更經審查不符規定，依其情形能補正者，直轄市、縣(市)主管機關應通知限期補正；不能補正、屆期未補正或補正不完全者，應駁回其申請，並發還前項第二款至第四款文件。

第11條 ★☆☆ ▢check

消防設備人員於其執業機構遷移或異動至其他直轄市或縣(市)，應檢具申請書，向原登記主管機關報請核轉遷移或異動登記。原登記主管機關受理申請，應核轉遷移或異動後之直轄市、縣(市)主管機關。

受理核轉遷移或異動登記之直轄市、縣(市)主管機關應依原登記主管機關核轉之書件審查，通知申請人繳納執照費。經審查符合規定，應即核發與原執業執照有效期間相同之執業執照，通知原登記主管機關廢止原執業執照，並副知申請人原加入之消防設備師公會或消防設備士公會。

執業機構遷入地或消防設備人員新任職執業機構所在地直轄市、縣(市)主管機關受理前項之核轉後，發現申請文件不齊全者，應通知申請人限期補正；不能補正、屆期未補正或補正不完全者，應駁回其申請，並發還前條第一項第二款至第四款文件。

第12條
★☆☆
□check

消防設備人員自行停止執業或歇業者，應檢具申請書、執業執照及相關證明文件，報請依本法第九條第一項第一款或第二款規定備查或廢止執業執照。

消防設備人員復業後，應檢具申請書及相關證明文件，依本法第九條第一項第一款規定向原登記主管機關報請備查，原登記主管機關並應發還執業執照。

第13條
★★☆
▢check

消防設備人員受撤銷、廢止執業執照或停止執行業務之處分者，應於處分送達次日起**15**日內，將執業執照繳交原登記主管機關註銷或收存。逾期未繳交者，由原登記主管機關公告註銷，並通知其所屬公會；消防設備人員為受聘執行業務者，原登記主管機關應通知其所屬之執業機構。

第14條
☆☆☆
▢check

依消防法第七條第二項規定由現有相關專門職業及技術人員或技術士暫行從事消防安全設備之設計、監造、測試、檢修者，準用本辦法規定辦理。

第15條
☆☆☆
▢check

本辦法自發布日施行。

第六篇

消防設備人員專業訓練機關(構)學校團體認可及管理辦法

民國113年02月27日

第1條 ☆☆☆ ▢check

本辦法依消防設備人員法(以下簡稱本法)第八條第二項規定訂定之。

第2條 ★☆☆ ▢check

申請消防設備人員專業訓練機構、學校或團體認可者(以下簡稱申請者)

，應具備下列資格：

一、職業訓練機構、法人或大專校院。

二、設有訓練場地。

前項第二款訓練場地，應符合下列規定：

一、不得違反建築及消防法令。

二、面積應超過60平方公尺，每一學員平均使用之面積在1.5平方公尺以上。

三、於明顯處所載明申請者名稱、負責人及辦理訓練之種類等。

第3條
★☆☆
▢check

申請者應檢具下列文件，向中央主管機關提出申請：

一、申請書。

二、符合前條第一項第一款資格之證明文件：

(一) 職業訓練機構：設立登記或許可證明文件影本。

(二) 法人：登記證書或核准設立文件(含章程)影本。

(三) 大專校院：核准設立文件影本。

三、代表人或負責人身分證明文件影本。

四、訓練場地文件。

五、依消防設備人員專業訓練機關(構)學校團體申請認可收費標準繳納規費之證明文件。

第4條
★☆☆
▢check

申請案經中央主管機關書面審查符合規定者，由訓練場地所在地直轄市、縣(市)主管機關至現場實地審查；經實地審查符合規定者，由中央主管機關予以認可，並核發認可證書。
申請者不符合第二條第一項所定資格或申請文件不符合前條規定，依其情形能補正者，中央主管機關應通知限期補正；不能補正、屆期未補正或補正不完全者，應駁回其申請。
申請者取得認可證書者(以下稱專業訓練單位)，始得依本法第十二條第一項規定辦理消防設備人員專業訓練。

第5條
★☆☆
▢check

認可證書有效期間為**3**年，其應記載事項如下：
一、認可年月日、字號及有效期間。
二、專業訓練單位名稱及地址。
三、代表人或負責人姓名。
前項第二款或第三款事項有變更者，專業訓練單位應自事實發生之次日起**30**日內，檢具第三條第一款與第五款規定文件、原認可證書正本及變更事項證明文件，向中央主管機關申請換發認可證書。

第一項認可證書遺失或毀損者，應檢具第三條第一款及第五款規定文件，向中央主管機關申請補發或換發。
依前二項規定補發或換發之認可證書有效期間，與原證書相同。

第6條
★☆☆
▢check

專業訓練單位於認可證書有效期間屆滿1個月前，得檢具第三條第一款與第五款規定文件、現有訓練場地文件及原認可證書正本，向中央主管機關申請延展，每次延展有效期間為3年；逾期申請延展者，應重新申請認可。
前項延展申請，經中央主管機關審查符合規定者，核發認可證書。

第7條
☆☆☆
▢check

專業訓練單位變更或新增訓練場地，應檢具第三條第一款、第四款及第五款規定文件，向中央主管機關提出申請，經依第四條第一項規定審查符合規定後，始得使用。

第8條
★★☆
▢check

消防設備人員專業訓練時數不得少於15小時，其訓練項目如下：
一、法令制度類。

二、技術工程實務類。
三、設備、技術及工法類。
四、災例研討類。
五、職業倫理類。
六、測驗。

前項訓練時數以小時為單位，滿50分鐘以1小時計算，連續90分鐘以2小時計算。

第一項訓練時數，每小時採計消防設備人員執業執照登記辦法第八條第一項第五款規定之積分10分。

未參與第一項第六款測驗或缺課時數達2小時以上者，應予退訓。

第9條
★☆☆
▢check

消防設備人員專業訓練講師(以下簡稱講師)，應符合下列資格之一：

一、於大專校院教授消防相關學程，並有6年以上授課經驗。
二、任職於主管機關，並有6年以上辦理消防安全設備審(勘)查、檢查或認可業務經驗。
三、具有消防設備師或消防設備士執業執照，並有6年以上相關工作經驗。

四、具有消防科系學士以上學位，並擔任警正二階或薦任八職等以上職務，服務年資滿**6**年者。

經中央主管機關審查符合前項規定之講師名單，由中央主管機關建立資料庫，提供查詢遴聘。

遴聘非屬前項資料庫名單內之講師者，應檢具講師建議表及符合第一項資格之證明文件影本，向中央主管機關申請審查符合規定後，發給證明文件，始得擔任講師。

第10條
★☆☆
▢check

講師有推銷消防安全設備及相關器材、授課品質不佳或違反法令之情形，經查證屬實者，中央主管機關得自講師名單資料庫移除之。

經中央主管機關依前項規定自講師名單資料庫移除之講師，自移除之日起**3**年內不得擔任講師。

第11條
★☆☆
▢check

消防設備人員專業訓練之測驗採筆試方式，測驗成績以**60**分為合格。

前項筆試之題目，由專業訓練單位製作題庫，報請中央主管機關核定；題庫異動時，亦同。

第12條

★☆☆

○check

專業訓練單位辦理消防設備人員專業訓練，應於訓練開始60日前，檢具訓練計畫及招生簡章向直轄市、縣(市)主管機關申請核准，每期招收之學員人數，以不超過50名為原則。

前項訓練計畫應記載下列事項：

一、專業訓練單位名稱及期別。
二、認可字號。
三、訓練日期、課程內容及時數。
四、預計招收人數。
五、各課程授課講師及其核准文號。
六、訓練場地及教學設施。
七、訓練期間之學員管理。
八、教學考核及學員考核。
九、合格證書發給方式及期程。
十、專責人員名冊及工作分配表。

第一項招生簡章記載內容不得與訓練計畫不同，並應記載下列事項：

一、消防設備人員專業訓練之測驗方式、合格基準及退訓規定。
二、消防設備人員專業訓練之收費及退費規定。

第一項申請，直轄市、縣(市)主管機關應於訓練開始30日前准駁，並副知中央主管機關備查。

第一項訓練計畫有變更者，於訓練開始前應向直轄市、縣(市)主管機關申請核准。

第13條
★☆☆
▢check

專業訓練單位應自消防設備人員專業訓練結束次日起15日內，檢具下列資料，向訓練場地所在地直轄市、縣(市)主管機關申請合格證書字號，經審查符合規定，始得製作並發給消防設備人員專業訓練合格證書(以下簡稱合格證書)，其生效日自訓練結束之日起算：

一、學員名冊、成績冊及測驗卷。
二、課程表、講師及學員簽到紀錄原件。
三、發給合格證書清冊。

前項合格證書遺失或毀損者，應向發給合格證書之專業訓練單位申請補發或換發，該專業訓練單位不得拒絕。

前項補發或換發之合格證書，生效日與原證書相同，且應於合格證書字號後註明補發或換發之次數，並以括號加註補發或換發之年月日。

第14條 ★☆☆ ▢check

專業訓練單位應指定專責人員辦理下列事項：

一、查核學員之參訓資格。
二、辦理學員簽到紀錄及點名。
三、查核學員上課情形。
四、排定課程表。
五、處理調課或代課。
六、注意環境安全衛生。
七、學員意見反應。
八、處理突發事件。

第15條 ★☆☆ ▢check

專業訓練單位辦理消防設備人員專業訓練之下列資料，自訓練結束之日起，應至少保存6年：

一、學員名冊、成績冊及測驗卷。
二、課程表、講師及學員簽到紀錄。
三、發給合格證書清冊。

專業訓練單位應於每月25日前，將前1月辦理專業訓練之受訓學員一覽表、授課滿意度問卷及授課滿意度月報表上傳至中央主管機關指定之資訊系統。

第16條 ☆☆☆ ▢check

主管機關得抽查專業訓練單位之訓練、業務、勘查其訓練場地或命其報告、提出證明文件、表冊及有關資料，專業訓練單位不得規避、妨礙或拒絕。

第17條 ★☆☆ ▢check

專業訓練單位有下列情形之一者，主管機關得予警告，並通知限期改善：

一、未於訓練開始前依規定申請核准。

二、訓練場地、設備、公共設施或安全設施維護不良。

三、未依訓練計畫內容實施訓練。

四、規避、妨礙或拒絕主管機關之查核。

五、未指定專責人員辦理規定事項。

直轄市、縣(市)主管機關依前項規定為警告及限期改善處分時，應副知中央主管機關；如專業訓練單位經通知限期改善，屆期未改善或改善不完全者，應檢具相關資料函報中央主管機關。

第18條
★☆☆
▢check

專業訓練單位有下列情形之一者，中央主管機關應停止其辦理消防設備人員專業訓練6個月以上12個月以下：

一、一年內累計警告達3次以上。
二、經依前條第一項規定通知限期改善，屆期未改善或改善不完全。
三、委託未經中央主管機關認可之單位辦理招生及訓練。
四、由未經中央主管機關審查合格之講師授課。

第19條
★☆☆
▢check

專業訓練單位有下列情形之一者，中央主管機關得廢止其認可，並註銷認可證書：

一、停業或歇業。
二、申請認可之證明文件經相關主管機關(構)撤銷、廢止或因其他原因失效。
三、使用未經審查符合規定之訓練場地。

四、發給合格證書予訓練不合格之學員。
五、招生簡章內容虛偽不實。
六、認可證書有效期間內，受前條停止辦理消防設備人員專業訓練處分達2次以上。
七、經中央主管機關命其停止辦理消防設備人員專業訓練，仍擅自為之。
八、其他經中央主管機關認定違反法令，情節重大。

專業訓練單位以詐欺、脅迫或賄賂方法申請認可或申請認可文件有虛偽不實等情事，經中央主管機關撤銷認可，或因前項第三款至第八款規定遭廢止認可，自撤銷或廢止認可之日起3年內不得申請認可。

專業訓練單位應於受撤銷或廢止認可之次日起30日內，繳回認可證書，並將辦理中之消防設備人員專業訓練班期完整文件及檔案移交至中央主管機關指定之專業訓練單位辦理。

第20條 ★★★ ▢check

本法第八條第二項所稱與專業訓練相當之方式，指下列情形之一：

一、參加中央主管機關或直轄市、縣(市)主管機關舉辦或核准之講習會、研討會或專題演講，每小時積分10分，每項課程或講題總積分以40分為限。

二、參加消防設備人員公會或全國聯合會之年會及當次達1小時以上之技術研討會，每次積分20分。

三、於國外參加專業機構或團體舉辦國際性之講習會、研討會或專題演講領有證明文件者，每小時積分10分，每項課程或講題總積分以40分為限。

四、於國內外專業期刊或學報發表論文或翻譯專業文獻經登載者，論文每篇積分60分，翻譯每篇積分20分，作者或譯者有2人以上者，平均分配積分。

五、取得研究所以上之在職進修或推廣教育之學分或結業證明者，每一學分積分10分，單一課程總積分以30分為限。

擔任前項第一款至第三款講習會、研討會、專題演講或技術研討會課程講座者，每小時積分10分，每項課程或講題總積分以40分為限。

第一項第一款至第三款講習會、研討會、專題演講及技術研討會之時數計算，準用第八條第二項規定。

第一項第四款所定國內外專業期刊或學報之種類，由中央主管機關公告之。

第21條 ★☆☆ ▢check

辦理前條第一項第一款、第二款之講習會、研討會、專題演講、年會或技術研討會之機構、學校、團體應於舉辦1個月前，檢具下列文件向辦理活動場地所在地之直轄市、縣(市)主管機關申請核准，直轄市、縣(市)主管機關應於舉辦10日前准駁之：

一、申請書。

二、研討活動或訓練資料，其內容包括：

(一) 名稱。
(二) 時間、地點及預定參加人數。
(三) 課程或講題之名稱、內容、時數及申請積分。
(四) 講座簡歷。

前項辦理機構、學校、團體於講習會、研討會、專題演講或年會及技術研討會結束之次日起1個月內，應檢具參加之消防設備人員簽到表與參加時數積分清冊，向辦理活動場地所在地之直轄市、縣(市)主管機關申請積分審查及登記；經審查合格並登記完竣後，由辦理機構、學校、團體發給受訓人員訓練證明文件，訓練證明文件得以電子方式為之。

消防設備人員依前條第一項第三款至第五款規定申請積分認定，應檢具證明文件向執業執照登記之直轄市、縣(市)主管機關申請積分審查及登記。

第22條

☆☆☆

▢check

消防機關辦理消防設備人員專業訓練時，準用第二條第二項、第三條第一款、第四款及第四條至第二十一條規定。但第四條、第十二條、第十三條、第十六條、第十七條、第二十條及第二十一條所定直轄市、縣(市)主管機關辦理事項，由中央主管機關辦理之。

第23條 ☆☆☆ ▢check

本辦法施行前，經中央主管機關委託辦理消防設備人員專業訓練之專業訓練單位，於本辦法施行後，於委託有效期間內得繼續辦理專業訓練；其查核、管理及應申請核准書表等事項，適用本辦法之規定。

第24條 ☆☆☆ ▢check

本辦法自發布日施行。

第七篇

消防安全設備檢修專業機構管理辦法

民國111年10月26日

第1條
☆☆☆
▢check

本辦法依消防法(以下簡稱本法)第九條第四項規定訂定之。

第2條
NEW
★★☆
▢check

本辦法所稱消防安全設備檢修專業機構(以下簡稱檢修機構)，指依本辦法規定，經中央主管機關許可辦理高層建築物、地下建築物或中央主管機關公告之場所消防安全設備定期檢修業務之專業機構。

第3條
★★☆
▢check

申請檢修機構許可者(以下簡稱申請人)，應符合下列資格：

一、法人組織。

二、實收資本額、資本總額或登記財產總額在新臺幣500萬元以上。

三、營業項目或章程載有消防安全設備檢修項目。

四、置有消防設備師及消防設備士合計10人以上，均為專任，其中消防設備師至少2人。

五、具有執行檢修業務之必要設備及器具，其種類及數量如附表一📖。

執行檢修業務必要設備及器具數量表

名稱	數量	名稱	數量	名稱	數量
內視鏡	3組	噪音計	3個	糖度計	2個
滅火器固定台	2個	空氣注入試驗器	2組	直流500伏特絕緣電阻計	2個
滅火器蓋子扳手	3個	減光罩	1個	交流1000伏持絕緣電阻計	2個
加熱試驗器	3組	直流250伏特絕緣電阻計	2個	電流計	3個
加煙試驗器	3組	三用電表	3個	扭力扳手	3個
煙感度試驗器	2組	電壓計	3個	風速計	3組
加瓦斯試驗器	2組	水壓表(比托計)	4組	光電管照度計	2組
流體壓力計	2組	泡沫試料採集器	2組		
儀表繼電器試驗器	2組	比重計	3個		

第4條 ☆☆☆ ○check

申請人應檢具下列文件，向中央主管機關申請許可：

一、申請書(如附表二📖)。

二、法人登記證明文件、章程及實收資本額、資本總額或登記財產總額證明文件。

三、代表人身分證明文件。

四、消防設備師、消防設備士證書(以下簡稱資格證書)、名冊及講習或訓練證明文件。

五、檢修設備及器具清冊。

六、業務執行規範：包括檢修機構組織架構、內部人員管理、檢修客體管理、防止不實檢修及其他檢修相關業務執行規範。

七、檢修作業手冊：包括檢修作業流程、製作檢修報告書及改善計畫書等事項。

八、依消防安全設備檢修專業機構審查費及證書費收費標準(以下簡稱收費標準)繳納審查費及證書費證明文件。

第5條

NEW

★★☆

□check

中央主管機關受理前條之申請，經書面審查合格者，應實地審查；經實地審查合格者，應以書面通知申請人於一定期限內，檢具已投保意外責任保險證明文件後，予以許可並發給消防安全設備檢修專業機構證書(以下簡稱證書)。

前項所定意外責任保險之最低保險金額如下：

一、每一個人身體傷亡：新臺幣300萬元。

二、每一事故身體傷亡：新臺幣3000萬元。

三、每一事故財產損失：新臺幣200萬元。

四、保險期間總保險金額：新臺幣6400萬元。

第一項所定意外責任保險應於證書有效期間內持續有效，不得任意終止；意外責任保險期間屆滿時，檢修機構應予續保。

經書面審查、實地審查不合格或未檢具已投保意外責任保險證明文件者，中央主管機關應以書面通知申請人限期補正；屆期未補正或補正未完全者，駁回其申請並退回證書費。

第6條

★☆☆

▢check

證書有效期間為3年，其應記載之事項如下：

一、檢修機構名稱。

二、法人組織登記字號或統一編號。

三、地址。

四、代表人。
五、有效期間。
六、其他經中央主管機關規定之事項。

前項證書記載事項變更時，檢修機構應自事實發生之日起30日內，依收費標準繳納證書費，並檢具申請書(如附表二)及變更事項證明文件，向中央主管機關申請換發證書。

第一項證書遺失或毀損者，得向中央主管機關申請補發或換發；其有效期間至原證書有效期間屆滿之日止。

第7條
NEW
★☆☆
◯check

檢修機構有下列情形之一者，機關應廢止許可並註銷證書：
一、違反第三條第一款規定。

不是法人組織。

二、違反第三條第二款至第五款規定，經通知限期改善，屆期不改善。

人員、資本額、設備器具不足。

三、違反第十一條規定情節重大。

違法、詐欺、洩漏機密等。

四、檢修場所發生火災事故致人員死亡或重傷，且經場所所在地主管機關查有重大檢修不實情事。

五、執行業務造成重大傷害或危害公共安全。

第8條

★☆☆

▢check

檢修機構於證書有效期間屆滿前2個月至1個月內，得檢具下列文件，向中央主管機關申請延展許可，每次延展期限為3年：

一、申請書(如附表二)。

二、證書正本。

三、第四條第四款及第五款所定文件。

四、符合第五條第三項規定之證明文件。

五、消防設備師及消防設備士薪資扣繳憑證、薪資資料、勞工保險及全民健康保險資料。

六、離職人員清冊。

七、依收費標準繳納審查費及證書費證明文件。

第9條 ☆☆☆ ▢check

前條申請之審查程序，準用第五條規定。

經審查合格者，由中央主管機關予以許可並發給證書。

第10條 ★☆☆ ▢check

檢修機構於證書有效期間內有下列情形之一者，不予許可其延展；且於各款所定期間內不得重新申請許可：

一、有第七條第三款至第五款情形之一，**3**年內不得重新申請。

> 因故撤銷或廢止證書。

二、所屬消防設備師或消防設備士檢修不實經裁罰達**5**件以上，1年內不得重新申請。

三、違反第十一條規定情節輕微或違反第十九條規定，6個月內不得重新申請。

經中央主管機關因申請許可所附資料重大不實撤銷許可或依本法第三十八條第四項規定廢止許可者，自撤銷或廢止許可次日起，3年內不得重新申請。

第11條

NEW

★☆☆

▢check

檢修機構應依下列規定執行業務：

一、不得有違反法令之行為。

二、不得以詐欺、脅迫或其他不正當方法招攬業務。

三、不得無故洩漏因業務而知悉之秘密。

四、由消防設備師或消防設備士親自執行職務，並據實填寫檢修報告書。

五、依審查通過之業務執行規範及檢修作業手冊，確實執行檢修業務。

六、由2名以上之消防設備師或消防設備士共同執行高層建築物、地下建築物或中央主管機關公告之場所檢修業務。

第12條 ☆☆☆ ▢check

檢修機構出具之檢修報告書應由執行檢修業務之消防設備師或消防設備士簽章，並經代表人簽署。

第13條 ★☆☆ ▢check

檢修機構之消防設備師或消防設備士執行業務時，應佩帶識別證件，其格式如附表三。

第14條 ☆☆☆ ▢check

檢修機構於證書有效期間內，其消防設備師或消防設備士有僱用、解聘、資遣、離職、退休、死亡或其他異動情事者，應於事實發生之日起15日內，檢具下列文件，報請中央主管機關備查：

一、僱用：資格證書、講習或訓練證明及加退勞工保險證明文件。

二、解聘、資遣、離職或退休：加退勞工保險證明文件。

三、其他異動情事：相關證明文件。

第15條 ☆☆☆ ▢check

檢修機構應備置檢修場所清冊及相關檢修報告書書面文件或電子檔，並至少保存5年。

前項電子檔應以PDF或縮影檔案格式製作，且不得以任何方式修改。

第16條 ★☆☆ ▢check

檢修機構應於年度開始前2個月至1個月內，檢具下列書表，報請中央主管機關備查：

一、次年度檢修業務計畫書：包括計畫目標、實施內容及方法、標準作業程序及資源需求。

二、次年度人員訓練計畫書：包括每半年至少舉辦1次訓練、訓練地點、師資及課程。

三、次年度消防設備師及消防設備士名冊：包括姓名、資格證書、講習或訓練證明文件、勞工保險被保險人資料明細及全民健康保險證明影本。

第17條 ☆☆☆ ▢check

檢修機構應於年度終結後5個月內，檢具下列書表，報請中央主管機關備
查：

一、上年度檢修業務執行報告書：包括執行狀況、檢修申報清冊、檢討及改善對策。

二、上年度消防設備師與消防設備士薪資明細及薪資扣繳憑證。

三、上年度人員訓練成果：包括訓練地點、師資、課程、簽到表及訓練實況照片。

四、符合第五條第三項規定之證明文件。

前項第一款所定檢修申報清冊，包括檢修場所名稱、地址、檢修日期、樓層別、檢修之消防設備師或消防設備士及結果。

第18條 ☆☆☆ ▢check

中央主管機關得檢查檢修機構之業務、勘查其檢修場所或令其報告、提出證明文件、表冊及有關資料，檢修機構不得規避、妨礙或拒絕。

第19條 ★☆☆ ▢check

檢修機構自行停業、受停業處分或逾3個月不辦理檢修業務時，應報中央主管機關備查，並將原領證書送中央主管機關註記後發還之；復業時，亦同。

檢修機構歇業或解散時，應將原領證書送繳中央主管機關註銷；未送繳者，中央主管機關得逕行廢止許可並註銷其證書。

第20條 ☆☆☆ ▢check

中央主管機關得建置檢修機構資料庫，登錄下列事項：

一、檢修機構名稱、地址、電話、實收資本額、資本總額或登記財產總額。

二、代表人姓名、性別、身分證明文件字號、出生年月日、住所。

三、證書字號與其核發、延展之年月日及效期。

四、所屬專任消防設備師及消防設備士姓名、性別、身分證明文件字號、出生年月日、住所、專技種類、證書字號、勞工保險投保日期。

五、執行檢修業務有違規或不實檢修，經主管機關裁罰之相關資料。

前項事項，除第二款與第四款之身分證明文件字號、出生年月日及住所外，中央主管機關得基於增進公共利益之目的公開之。

第21條 ☆☆☆ ▢check

本辦法施行前，經中央主管機關許可並領有消防安全設備檢修專業機構合格證書者，於本辦法施行後，其許可於該合格證書有效

期間內繼續有效；其許可之廢止、延展與檢修業務之執行、管理、應報備查及書表等
事項，適用本辦法之規定。

第22條 本辦法自發布日施行。

☆☆☆

▢check

第八篇

消防安全設備檢修及申報辦法

民國112年03月01日

第1條
☆☆☆
▢check

本辦法依消防法(以下簡稱本法)第九條第二項規定訂定之。

第2條
★★☆
▢check

消防安全設備之檢修項目如下：
一、滅火設備。
二、警報設備。
三、避難逃生設備。
四、消防搶救上之必要設備。
五、其他經中央主管機關認定之消防安全設備或必要檢修項目。

第3條
★★★
▢check

消防安全設備之檢修方式如下：
一、外觀檢查：經由外觀判別消防安全設備有無毀損，及其配置是否適當。
二、性能檢查：經由操作判別消防安全設備之性能是否正常。

三、綜合檢查：經由消防安全設備整體性之運作或使用，判別其機能。

第4條
☆☆☆
▢check

消防安全設備之檢修基準，由中央主管機關公告之。
依本法第六條第三項或各類場所消防安全設備設置標準第三條核准或認可之消防安全設備，應依申請核准或認可時提具之檢修方法及表格進行檢修。

第5條
★★★
▢check

各類場所消防安全設備之檢修頻率及申報期限如附表一。
各類場所管理權人應依前項所定檢修頻率與申報期限進行消防安全設備檢修及檢修結果申報(以下簡稱申報)。

第6條
★★★
▢check

消防設備師、消防設備士(以下簡稱檢修人員)或消防安全設備檢修專業機構(以下簡稱檢修機構)辦理消防安全設備檢修之必要設備及器具如附表二。
檢修人員及檢修機構於辦理消防安全設備檢修前，應確認必要設備與器具已依中央主管機關公告之項目、週期及國內外第三公證機構辦理檢驗或校準。

第7條
★★☆
▢check

檢修人員或檢修機構完成消防安全設備檢修後，應依下列規定附加檢修完成標示：

一、標示之規格、樣式應符合附表三規定。

二、以不易脫落之方式，於附表四規定位置附加標示。

三、附加標示時，不得覆蓋、換貼或變更原新品出廠時之資訊；已附加檢修完成標示者，應先清除後，再予附加，且不得有混淆或不易辨識情形。

檢修人員或檢修機構未附加檢修完成標示、附加之檢修完成標示違反前項規定或經查有不實檢修者，場所所在地主管機關應命其附加或除去之。

第8條
★☆☆
▢check

受託辦理檢修之檢修人員或檢修機構應依第二條至第四條及第六條規定檢修消防安全設備，並將檢修報告書(如附表五)及下列文件交付管理權人：

一、各該消防安全設備之種類及數量表。
二、配置平面圖(圖面標註尺寸及面積)。
三、檢修人員或檢修機構證明文件影本。
四、檢修人員講習訓練積分證明文件影本。

管理權人依第三條及第四條規定檢修滅火器、標示設備或緊急照明燈消防安全設備，應填具前項檢修報告書。

前二項所定應檢修之消防安全設備，於場所所在地主管機關會勘通過之合法場所，為消防安全設備竣工圖說所載項目；於違規使用場所，為該場所現有之消防安全設備。

第一項檢修報告書所附各種設備檢查表應註明檢修項目之種別、容量及檢修使用設備器具之名稱、型式、檢驗或校準日期。有消防安全設備不符規定者，應清楚載明其不良狀況情形、位置及處置措施。

第9條

★☆☆

▢check

管理權人應填具消防安全設備申報表(如附表六)，並檢附下列資料向場所所在地主管機關申報審核：

一、前條第一項或第二項所定之檢修報告書及文件。

二、依前條檢修結果有消防安全設備不符規定者，應立即改善，並檢附改善完成之證明文件。但有下列情形之一，致立即改善有困難者，得先行檢附消防安全設備改善計畫書(如附表七)代之：

(一) 集合住宅改善消防安全設備，應經召開管理委員會或區分所有權人會議之程序。

(二) 政府機關(構)、公營事業機構或其他組織改善消防安全設備，應經依政府採購法辦理招標之程序。

(三) 其他經場所所在地主管機關同意之事由。

三、管理權人身分證明文件影本。

四、管理權人委任代理人申報

者，其委任書。
五、使用執照影本。
六、公司、商業或有限合夥登記證明文件；非營利事業場所、歇業或停業場所，免附。

第10條
★★☆
▢check

場所所在地主管機關受理前條申報後，應依消防安全設備申報受理單(以下簡稱申報受理單，如附表八)所列查核項目及內容詳加審核，並應於審核完成後，將申報受理單交付管理權人或其代理人；經審核不合格者，應將不合格項目及內容明列，並通知限期補正或改善。

第11條
★☆☆
▢check

本法第九條第一項但書所定各類場所所在之建築物整棟已無使用之情形，應符合下列認定基準：
一、使用狀態應符合下列情形之一：
(一) 建築物內部之場所均已歇業、停業或現場無實際使用情形。
(二) 因地震、水災、風災、火災或其他重大事變，致建築物毀損無法使用。

(三) 因違反相關法規，經有關機關採取停止供水、供電或封閉等措施。

(四) 其他經場所所在地主管機關認定已無使用之情形。

二、管理狀態應符合下列情形之一：

(一) 建築物於避難層開向屋外之出入口及車輛出入口均已全日上鎖或封閉，且各出入口明顯處所張貼禁止進入之告示。

(二) 整棟建築物之建築基地周圍，設置圍籬予以封閉，且於明顯處所張貼禁止進入之告示。

(三) 其他經場所所在地主管機關認定建築物已封閉之情形。

管理權人應檢具下列文件報請場所所在地主管機關審核同意後，始得免定期辦理消防安全設備檢修及申報：

一、申請書(如附表九)。

二、建築物所有權狀影本。
三、管理權人身分證明文件影本。
四、符合前項第一款及第二款狀態之一之證明文件或照片。
五、整棟建築物自主安全管理措施。
六、其他經中央主管機關公告之文件。

第12條 ★★★ ▢check

經場所所在地主管機關會勘通過依法取得使用執照、變更使用執照或室內裝修許可等證明文件之合法場所，於該證明文件申請範圍內之消防安全設備，符合下列規定之一者，管理權人免辦理當次檢修及申報：
一、甲類場所：自該證明文件核發之日期起算，距申報期限在6個月以內。
二、甲類以外場所：自該證明文件核發之日期起算，距申報期限在1年以內。

第13條 ☆☆☆ ▢check

本辦法自發布日施行。

第九篇

保安監督人與保安檢查員訓練專業機構登錄及管理辦法

第1條 ☆☆☆ ▢check

本辦法依消防法(以下簡稱本法)第十五條之六第三項規定訂定之。

第2條 ★★☆ ▢check

申請保安監督人或保安檢查員訓練專業機構登錄者(以下簡稱申請者)，應具備下列資格：

一、職業訓練機構、法人或大專校院。

二、設有訓練場地。

前項第二款訓練場地，應符合下列規定：

一、不得違反建築及消防法令。

二、設有供操作滅火器、室內消防栓等設備之空地及設施。

三、面積應超過**45**平方公尺，每一學員平均使用之面積在**1.5**平方公尺以上。

四、於明顯處所載明申請者名稱、負責人及辦理訓練之種類等。

第3條 ☆☆☆ ▢check

申請者應檢具下列文件，向中央主管機關提出申請：

一、申請書。

二、符合前條第一項第一款資格之證明文件：

(一) 職業訓練機構：設立登記或許可證明文件影本。

(二) 法人：登記證書或核准設立文件(含章程)影本。

(三) 大專校院：核准設立文件影本。

三、代表人或負責人身分證明文件影本。

四、訓練場地文件。

五、依保安監督人及保安檢查員訓練專業機構申請登錄收費標準繳納規費之證明文件。

第4條 ★☆☆ ▢check

申請案經中央主管機關書面審查符合規定者，由訓練場地所在地直轄市、縣(市)主管機關至現場實地審查；經實地審查符合規定者，由中央主管機關予以登錄，並核發登錄證書。
申請者不符合第二條第一項所定資格或申請文件不符合前條規定，依其情形能補正者，中央主管機關應通知限期補正；不能補正、屆期未補正或補正不完全者，應駁回其申請。
申請者取得登錄證書者(以下稱專業機構)，始得依本法第十五條之六第二項規定施予保安監督人或保安檢查員訓練。

第5條
★★★
▢check

登錄證書有效期間為3年，其應記載事項如下：
一、登錄年月日、字號及有效期間。
二、專業機構名稱及地址。
三、代表人或負責人姓名。
四、訓練類別。
前項第二款或第三款事項有變更者，專業機構應自事實發生之次日起30日內，檢具第三條第一款與第五款規定文件、原登錄證書正本及變更事項證明文件，向中央主管機關申請換發登錄證書。

第一項登錄證書遺失或毀損者，應檢具第三條第一款及第五款規定文件，向中央主管機關申請補發或換發。
依前二項規定補發或換發之登錄證書有效期間，與原證書相同。

第6條
★★☆
▢check

專業機構於登錄證書有效期間屆滿一個月前，得檢具第三條第一款與第五款規定文件、現有訓練場地文件及原登錄證書正本，向中央主管機關申請延展，每次延展有效期間為3年；逾期申請延展者，應重新申請登錄。
前項延展申請，經中央主管機關審查符合規定者，核發登錄證書。

第7條
★☆☆
▢check

專業機構變更或新增訓練場地，應檢具第三條第一款、第四款及第五款規定文件，向中央主管機關提出申請，經依第四條第一項規定審查符合規定後，始得使用。

第8條
★★★
▢check

專業機構施予保安監督人或保安檢查員訓練，分為初訓及複訓。
經初訓領有合格證書者，取得保安監督人或保安檢查員資格。

前項取得保安監督人或保安檢查員資格者，應自初訓結束之日起，每3年至少接受複訓一次。

第9條
★★★
▢check

保安監督人初訓訓練時數不得少於24小時，其訓練項目如下。但曾參加防火管理人訓練取得合格證書者，得免除第一款至第四款訓練項目：

一、消防知識。
二、火災預防。
三、消防安全設備之維護管理及操作要領。
四、自衛消防編組。
五、公共危險物品安全管理法規介紹。
六、公共危險物品理化特性及標示。
七、公共危險物品儲運安全基準。
八、危險設施檢查及操作要領。
九、場所施工安全基準。
十、危險性工廠之安全管理及災害應變。
十一、消防防災計畫範例說明及實作撰寫。
十二、測驗。

保安檢查員初訓訓練時數不得少於8小時，其訓練項目如下：

一、公共危險物品製造、儲存或處理場所構造與設備之維護及檢查。

二、公共危險物品理化特性及標示。

三、危險性工廠之安全管理及災害應變。

四、測驗。

保安監督人初訓人員未參與第一項第十二款測驗或缺課時數達2小時以上，或保安檢查員初訓人員未參與前項第四款測驗或缺課時數達1小時以上者，應予退訓。

第10條

★★☆

○check

保安監督人複訓訓練時數不得少於8小時，其訓練項目如下：

一、公共危險物品管理實務探討。

二、公共危險物品處理作業基準。

三、公共危險物品安全管理對策。

四、消防防災計畫之說明及檢討。

五、測驗。

保安檢查員複訓訓練時數不得少於8小時，其訓練項目如下：
一、公共危險物品製造、儲存或處理場所構造與設備之維護及檢查。
二、公共危險物品理化特性及標示。
三、危險性工廠之安全管理及災害應變。
四、測驗。
保安監督人未參與第一項第五款測驗或缺課時數達1小時以上，或保安檢查員未參與前項第四款測驗或缺課時數達1小時以上者，應予退訓。

第11條
★★☆
▢check

專業機構施予保安監督人或保安檢查員訓練，應於訓練開始20日前，檢具訓練計畫及招生簡章向中央主管機關申請核准，且每期招收之學員人數，以不超過50名為原則。
前項訓練計畫應記載下列事項：
一、專業機構名稱、訓練類別、初訓或複訓及期別。
二、訓練目的。
三、登錄字號。

四、訓練日期、課程內容及時數。
五、參訓資格。
六、預計招收人數。
七、各課程授課講師及其核准文號。
八、訓練場地及教學設施。
九、訓練期間之學員管理。
十、教學考核及學員考核。
十一、合格證書發給方式及期程。
十二、專責人員名冊及工作分配表。

第一項招生簡章記載內容不得與訓練計畫不同，並應記載下列事項：

一、保安監督人或保安檢查員訓練之測驗方式、合格基準及退訓規定。
二、保安監督人或保安檢查員訓練之收費及退費規定。

第一項訓練計畫有變更者，於訓練開始前應向中央主管機關申請核准。

第12條
★★☆
▢check

保安監督人及保安檢查員訓練講師(以下簡稱講師)，應符合下列資格之一：

一、現任或曾任警正3階或薦任七職等以上公務人員，並有3年以上辦理公共危險物品場所管理或檢查業務經驗。
二、具有學士以上學位，並有3年以上大專校院消防、機械、工業安全、化學或化工相關課程授課經驗。
三、具有消防、機械、工業安全、化學或化工科系學士以上學位，並有3年以上於設有公共危險物品製造、儲存或處理場所之事業單位工作經驗。
四、具有消防設備師、機械工程技師、化學工程技師、工業工程技師、工業安全技師或職業衛生技師證照，並有3年以上於設有公共危險物品製造、儲存或處理場所之事業單位工作經驗。

經中央主管機關審查符合前項規定之講師名單，由中央主管機關建立資料庫，提供查詢遴聘。

遴聘非屬前項資料庫名單內之講師者，應檢具講師建議表及符合第一項資格之證明文件影本，向中央主管機關申請審查符合規定後，發給證明文件，始得擔任講師。

第13條
★☆☆
▢check

講師有推銷消防安全設備及相關器材、授課品質不佳或違反法令之情形，經查證屬實者，中央主管機關得自講師名單資料庫移除之。
經中央主管機關依前項規定自講師名單資料庫移除之講師，自移除之日起3年內不得擔任講師。

第14條
★☆☆
▢check

專業機構應指定專責人員辦理下列事項：
一、查核學員之參訓資格。
二、辦理學員簽到紀錄及點名。
三、查核學員上課情形。
四、排定課程表。
五、處理調課及代課。
六、注意環境安全衛生。
七、學員意見反應。
八、處理突發事件。

第15條
★☆☆
▢check

保安監督人及保安檢查員訓練之測驗採筆試方式，測驗成績以70分為合格。

前項筆試之題目，由中央主管機關統一製作題庫於網頁公告，並不定期更新。

第16條
★★☆
▢check

經保安監督人或保安檢查員訓練合格者，專業機構應自保安監督人或保安檢查員訓練結束次日起15日內，檢具下列資料，向中央主管機關申請合格證書字號，經審查符合規定，始得製作並發給合格證書：

一、學員名冊、成績冊及測驗卷。
二、課程表、講師及學員簽到紀錄原件。
三、發給合格證書清冊。

第17條
★☆☆
▢check

經保安監督人或保安檢查員訓練合格者，專業機構應發給合格證書，載明初訓或複訓，其生效日自訓練結束之日起算，有效期間為3年。

前項合格證書遺失或毀損者，應向發給合格證書之專業機構申請補發或換發，該機構不得拒絕。

前項補發或換發之合格證書有效期間，與原證書相同，且應於合格證書字號後註明補發或換發之次數，並以括號加註補發或換發之年月日。

第18條
★☆☆
▢check

專業機構施予保安監督人或保安檢查員訓練之下列資料，自訓練結束之日起，應至少保存4年：

一、學員名冊、成績冊及測驗卷。
二、課程表、講師及學員簽到紀錄。
三、發給合格證書清冊。

專業機構應於每月25日前，將前1月施予訓練之受訓學員一覽表、授課滿意度問卷及授課滿意度月報表上傳至中央主管機關指定之資訊系統。

第19條
★☆☆
▢check

主管機關得抽查專業機構之訓練、業務、勘查其訓練場地或命其報告、提出證明文件、表冊及有關資料，專業機構不得規避、妨礙或拒絕。

第20條
★☆☆
▢check

專業機構有下列情形之一者，主管機關得予警告，並通知限期改善：

一、未於訓練開始前依規定取得中央主管機關核准。
二、訓練場地、設備、公共設施

或安全設施維護不良。
三、未依訓練計畫內容實施訓練。
四、規避、妨礙或拒絕主管機關之查核。
五、未指定專責人員辦理規定事項。

直轄市、縣(市)主管機關依前項規定為警告及限期改善處分時，應副知中央主管機關；如專業機構經通知限期改善，屆期未改善或改善不完全者，應檢具相關資料函報中央主管機關。

第21條
★☆☆
○check

專業機構有下列情形之一者，中央主管機關應停止其施予保安監督人或保安檢查員訓練3個月以上6個月以下：
一、1年內累計警告達3次以上。
二、經依前條第一項規定通知限期改善，屆期未改善或改善不完全。
三、委託未經中央主管機關登錄之機構辦理招生及訓練。
四、由未經中央主管機關審查合格之講師授課。

第22條

★☆☆

▢check

專業機構有下列情形之一者，中央主管機關得廢止其登錄，並註銷登錄證書：

一、停業或歇業。

二、申請登錄之證明文件經相關主管機關(構)撤銷、廢止或因其他原因失效。

三、使用未經審查符合規定之訓練場地。

四、發給合格證書予訓練不合格之學員。

五、招生簡章內容虛偽不實。

六、登錄證書有效期間內，受前條停止施予保安監督人或保安檢查員訓練處分達2次以上。

七、經中央主管機關命其停止施予保安監督人或保安檢查員訓練，仍擅自為之。

八、其他經中央主管機關認定違反法令，情節重大。

專業機構以詐欺、脅迫或賄賂方法申請登錄或申請登錄文件有虛偽不實等情事，經中央主管機關撤銷登錄，或因前項第三款至第八款規定遭廢止登錄，自撤銷或廢止登錄之日起3年內不得申請登錄。

專業機構應於受撤銷或廢止登錄之次日起30日內，繳回登錄證書，並將辦理中之保安監督人或保安檢查員訓練班期完整文件及檔案移交至中央主管機關指定之專業機構辦理。

第23條
★☆☆
▢check

本辦法施行前，經中央主管機關認可辦理保安監督人或保安檢查員訓練之專業機構，應自本辦法施行之日起6個月內，檢具第三條規定文件，經中央主管機關依第四條規定核准登錄，始得繼續施予訓練。但本辦法施行之日起6個月內經中央主管機關核准之訓練，不在此限。

第24條
☆☆☆
▢check

本辦法自發布日施行。

第十篇

消防機關辦理建築物消防安全設備審查及查驗作業基準

民國109年04月17日

☆☆☆
▢check

一、為利消防機關執行消防法第十條所定建築物消防安全設備圖說(以下簡稱消防圖說)之審查及建築法第七十二條、第七十六條所定建築物之竣工查驗工作，特訂定本作業基準。

★☆☆
▢check

二、建築物消防安全設備圖說審查作業程序如下：

(一) 起造人填具申請書，檢附建築、消防圖說、建造執照申請書、消防安全設備概要表、相關證明文件資料等，向當地消防機關提出。其中消防圖說由消防安全設備設計人依滅火設備、警報設備、避難逃生設備、消防搶救上之必要設備等之順序依序繪製並簽章，圖說內所用標示記號，依消防圖說圖示範例註記。

(二) 消防機關受理申請案於掛號分案後，即排定審查日期，通知該件建築物起造人及消防安全設備設計人，並由消防安全設備設計人攜帶其資格證件及當地建築主管機關審訖建築圖說，配合審查(申請案如係分別向建築及消防機關申請者，其送消防機關部分，得免檢附審訖建築圖說)，消防安全設備設計人無正當理由未會同審查者，得予退件。但新建、增建、改建、修建、變更用途、室內裝修或變更設計等，申請全案僅涉滅火器、標示設備及緊急照明設備等非系統式消防安全設備時，設計人得免會同審查。

(三) 消防圖說審查不合規定者，消防機關應製作審查紀錄表，依第十二點規定之期限，將不合規定項目詳為列舉一次告知起造人，起造人於修正後應將消防圖說送回消防機關複審，複審程序準用前款之規定，其經複審仍不符合規定者，消防機關得將該申請案函退。

(四) 消防機關審訖消防圖說後，其有修正者，交消防安全設備設計人攜回清圖修正。消防圖說經審訖修改完成，送消防機關加蓋驗訖章後，消防機關留存一份，餘交起造人(即申請人)留存。並將消防圖說電子檔以PDF或縮影檔案格式製作一併送消防機關備查。

(五) 建築物消防安全設備圖說審查申請書格式、各種消防安全設備概要表、消防圖說圖示範例、審查紀錄表格式、消防圖說審查作業流程如附件一、附件二、附件三、附件四、附件五。

☆☆☆
□check

三、消防設備師核算避難器具支固器具及固定部之結構強度等之結果資料，應以書面知會負責結構之專門職業及技術人員供納入建築結構整合設計考量。

★☆☆
□check

四、消防設備師依「緊急電源容量計算基準」核算供消防安全設備所須之緊急電源容量後，應以書面知會電機技師供納入整合緊急發電系統設計容量考量，電機技師於接獲前揭消防用緊急電源容量計算結果資料，應於7日內確認有無影響建築整體緊急發電設備設計之虞，並以書面通知知會之消防設備師，逾7日未通知時視為無意見。

★☆☆
▢check
五、有關依各類場所消防安全設備設置標準規定設置之耐燃保護、耐熱保護措施，室內消防栓、室外消防栓、自動撒水、水霧、泡沫、乾粉、二氧化碳滅火設備、連結送水管設備等之配管，於實施施工、加壓試驗及配合建築物樓地板、樑、柱、牆施工須預埋消防管線時，消防安全設備監造人應一併拍照建檔存證以供消防機關查核，消防機關並得視需要隨時派員前往查驗。

★☆☆
▢check
六、建築物消防安全設備竣工查驗程序如下：

(一) 起造人填具申請書，檢附消防安全設備測試報告書(應由消防安全設備裝置人於各項設備施工完成後依報告書內項目實際測試其性能，並填寫其測試結果。)、安裝施工測試佐證資料及電子檔光碟、證明文件(含審核認可書等)、使用執照申請書、原審訖之消防圖說等，向當地消防機關提出，資料不齊全者，消防機關通知限期補正。

(二) 消防機關受理申請案於掛號分案後，即排定查驗日期，通知該件建築物之起造人及消防安全設備裝置人，並由消防安全設備裝置人攜帶其資格證件至竣工現場配合查驗，消防安全設備裝置人無正當理由未會同查驗者，得予退件。

(三) 竣工現場消防安全設備查驗不合規定者，消防機關應製作查驗紀錄表，依第十二點規定之期限，將不合規定項目詳為列舉一次告知起造人，起造人於完成改善後應通知消防機關複查，複查程序準用前款之規定，其經複查仍不符合規定者，消防機關得將該申請案函退。

(四) 竣工現場設置之消防安全設備與原審訖消防圖說之設備數量或位置有異動時，於不影響設備功能及性能之情形下，得直接修改竣工圖(另有關建築部分之立面、門窗、開口等位置之變更如不涉面積增減時，經建築師簽證後，亦得一併直接修改竣工圖)，並於申請查驗時，備具完整竣工消防圖說，1次報驗。

(五) 消防機關完成建築物消防安全設備竣工查驗後，其須修正消防圖說者，消防安全設備設計人、監造人應將原審訖之消防圖說清圖修正製作竣工圖。完成竣工查驗者，其消防圖說應標明「竣工圖」字樣，送消防機關加蓋驗訖章後，消防機關留存2份列管檢查，餘交起造人(即申請人)留存。並將消防圖說電子檔以PDF或縮影檔案格式製作一併送消防機關備查。

(六) 建築物消防安全設備竣工查驗申請書格式、各種消防安全設備測試報告書、安裝施工測試佐證資料項目表、查驗紀錄表格式、竣工查驗作業流程如附件六、附件七、附件八、附件九、附件十。

★☆☆
○check

七、申請建築物修建、室內裝修等涉及消防安全設備變更之審查及查驗案件，其消防安全設備有關變更部分，僅為探測器、撒水頭、蜂鳴器、水帶等系統部分配件之增減及位置之變動者，申請審查時，應檢附變更部分之設備概要表及平面圖等相關必要文件；申請查驗時，應檢附變更部分之設備測試報告書、設備器材等相關必要證明文件；其涉及緊急電源、加壓送水裝置、受信總機、廣播主機等系統主要構件變動或計算時，變動部分依本基準辦理。

☆☆☆
〇check

八、原有合法建築物辦理變更使用，仍應依本基準規定，就變更使用部分檢附圖說、文件等資料。無法檢附原核准消防安全設備圖說時，得由消防設備師依使用執照核准圖面之面積或現場實際勘查認定繪製之。

☆☆☆
〇check

九、依「消防法」第六條第三項規定，取得內政部核發之審核認可書，經認可其具同等以上效能之消防安全設備，其查驗比照本基準規定辦理，至測試報告書得就所替代設備之測試報告書項目內容，由消防安全設備裝置人直接增刪修改使用。

★☆☆
▢check

十、經本部公告應實施認可之消防機具器材及設備，消防機關於竣工查驗時，應查核其認可標示；其為依各類場所消防安全設備設置標準第三條規定，經內政部審議領有審核認可書者，除應查核該審核認可書影本及安裝完成證明文件(工地進出貨文件等)外，並注意應於審核認可書記載有效期限屆滿前安裝完成，至於在審核認可書有效期限內已製造出廠或進口尚未安裝完成者，應查核其審核認可書影本、出廠或進口證明與出貨、交易或完稅證明文件，從嚴從實查證，以防造假蒙混之情事。

☆☆☆
▢check

十一、申請消防圖說審查及竣工查驗，各項圖紙均須摺疊成**A4**尺寸規格，並裝訂成冊俾利審查及查驗。圖紙摺疊時，圖說之標題欄須摺疊於封面，圖紙摺疊方式請參考附件十一📖圖示範例。

★★☆
▢check

十二、消防安全設備圖說審查及竣工查驗之期限，以受理案件後7至10日內結案為原則。但供公眾使用建築物或構造複雜者，得視需要延長，並通知申請人，最長不得超過20日。

第十一篇

爆竹煙火管理條例

民國99年06月02日

第1條
☆☆☆
▢check

為規範爆竹煙火之管理，預防災害發生，維護人民生命財產，確保公共安全，特制定本條例。

第2條
★☆☆
▢check

本條例所稱主管機關：在中央為內政部；在直轄市為直轄市政府；在縣(市)為縣(市)政府。

主管機關之權責劃分如下：

一、中央主管機關：

(一) 爆竹煙火安全管理制度之規劃設計與法規之制(訂)定、修正及廢止。

(二) 爆竹煙火成品及達中央主管機關公告數量之氯酸鉀($KClO_3$)或過氯酸鉀($KClO_4$)之輸入許可。

(三) 達中央主管機關公告數量之氯酸鉀或過氯酸鉀之販賣許可。

(四) 一般爆竹煙火認可相關業務之辦理。

(五) 直轄市、縣(市)爆竹煙火安全管理之監督。

(六) 爆竹煙火監督人講習、訓練之規劃及辦理。

二、直轄市、縣(市)主管機關：

(一) 爆竹煙火安全管理業務之規劃、自治法規之制(訂)定、修正、廢止及執行。

(二) 爆竹煙火製造之許可、變更、撤銷及廢止。

(三) 爆竹煙火製造及達中央主管機關所定管制量之儲存、販賣場所，其位置、構造、設備之檢查及安全管理。

(四) 違法製造、輸入、儲存、解除封存、運出儲存地點、販賣、施放、持有或陳列爆竹煙火之成品、半成品、原料、專供製造爆竹煙火機具或施放器具之取締及處理。

(五) 輸入一般爆竹煙火之封存。

(六) 其他有關爆竹煙火之安全管理事項。

中央主管機關基於特殊需要，依法於特定區域內特設消防機關時，該區域內屬前項第二款所定事項，由中央主管機關辦理；必要時，得委辦直轄市、縣(市)主管機關辦理。

第3條

★★☆

▢check

本條例所稱爆竹煙火，指其火藥作用後會產生火花、旋轉、行走、飛行、升空、爆音或煙霧等現象，供節慶、娛樂及觀賞之用，不包括信號彈、煙霧彈或其他火藥類製品。

爆竹煙火分類如下：

一、一般爆竹煙火：經型式認可、個別認可並附加認可標示後，供民眾使用者。

二、專業爆竹煙火：須由專業人員施放，並區分如下：

(一) 舞臺煙火：指爆點、火光、線導火花、震雷及混合劑等專供電影、電視節目、戲劇、演唱會等活動使用，製造表演聲光效果者。

(二) 特殊煙火：指煙火彈、單支火藥紙管或其組合之產品等，於戶外使用，製造巨大聲光效果者。

(三) 其他經中央主管機關公告者。

第4條

☆☆☆

▢check

爆竹煙火之製造場所及達中央主管機關所定管制量之儲存、販賣場所，其負責人應以安全方法進行製造、儲存或處理。

前項所定場所之位置、構造與設備設置之基準、安全管理及其他應遵行事項之辦法，由中央主管機關會商相關機關定之。

第5條

★☆☆

▢check

申請建造爆竹煙火製造場所及達中央主管機關所定管制量之儲存、販賣場所，除應依建築法有關規定辦理外，並應連同前條第二項所定該場所之位置、構造及設備圖說，送請直轄市、縣(市)主管建築機關轉請消防主管機關審查完竣後，直轄市、縣(市)主管建築機關始得發給建造執照。
前項所定場所之建築物建造完工後，直轄市、縣(市)主管建築機關應會同當地消防主管機關檢查其位置、構造及設備合格後，始得發給使用執照。
前項所定場所之建築物有增建、改建、變更用途，或利用現有建築物作第一項規定使用者，準用前二項所定程序辦理。

第6條
☆☆☆
▢check

製造爆竹煙火，應檢附下列文件，向直轄市、縣(市)主管機關申請許可，經核發許可文件後，始得為之：
一、負責人國民身分證。
二、使用執照。
三、平面配置圖。
四、工廠登記證明文件。
五、公司或商業登記證明文件。
六、安全防護計畫。
七、公共意外責任保險證明文件。
八、其他經中央主管機關公告應行檢附之文件。

前項許可文件所載事項有變更者，應於變更事由發生之日起30日內，檢具相關證明文件，向直轄市、縣(市)主管機關申請變更。

第一項申請，有下列情形之一者，直轄市、縣(市)主管機關應不予許可：

一、負責人曾違反本條例製造爆竹煙火，經有罪判決確定，尚未執行完畢或執行完畢後未滿5年。

二、曾受直轄市、縣(市)主管機關撤銷或廢止爆竹煙火製造許可未滿5年。

取得爆竹煙火製造許可後，有下列情事之一者，直轄市、縣(市)主管機關得撤銷或廢止其許可，並註銷其許可文件：

一、申請許可資料有重大不實。

二、爆竹煙火製造場所發生重大公共意外事故。

三、爆竹煙火製造場所一部或全部提供他人租用或使用，進行爆竹煙火製造、加工作業。

四、爆竹煙火製造場所，違反本條例相關規定，經限期改善，屆期未改善。

第一項所定許可或第二項所定許可後變更之申請資格、程序、應備文件、許可要件、審核方式、收費、許可文件內容及其他應遵行事項之辦法，由中央主管機關定之。

第7條

★☆☆

▢check

輸入或販賣達中央主管機關公告數量之氯酸鉀或過氯酸鉀者，應檢附數量、合格儲存地點證明、使用計畫書、輸入或販賣業者、押運人、運輸方法及經過路線等資料，向中央主管機關申請發給許可文件。

輸入之氯酸鉀或過氯酸鉀，應運至合格儲存地點放置，並於入庫2日前通知當地直轄市、縣(市)主管機關清點數量後始得入庫。

前項氯酸鉀或過氯酸鉀應於運出儲存地點前，由輸入或販賣者將相關資料報請當地直轄市、縣(市)主管機關及目的地直轄市、縣(市)主管機關備查後，始得運出儲存地點。

第8條

☆☆☆

▢check

供製造專業爆竹煙火使用之黑色火藥與導火索之購買、輸入、運輸、儲存、火藥庫之設置或變更及安全管理等事項，準用事業用爆炸物管理條例之規定。

前項所定事項，由中央主管機關委託事業用爆炸物中央主管機關辦理。

第9條

★★☆

▢check

一般爆竹煙火製造或輸入者，應向中央主管機關申請型式認可，發給型式認可證書，及申請個別認可，附加認可標示，並經中央主管機關檢查後，始得供國內販賣。

前項型式認可證書所載事項有變更者，應檢具相關資料，向中央主管機關申請變更；其變更涉及性能者，應重新申請認可。

未附加認可標示之一般爆竹煙火不得販賣、持有或陳列。

一般爆竹煙火經個別認可不合格者，應經中央主管機關同意後，始得運出儲存地點辦理修補、銷毀或復運出口；其不能修補者，中央主管機關得逕行或命申請人銷毀或復運出口。

對附加認可標示之一般爆竹煙火，主管機關得至該製造、儲存或販賣場所，進行抽樣檢驗或於市場購樣檢驗。
第一項所定型式認可、個別認可、型式認可證書、認可標示之核發、附加認可標示後之檢查、第二項所定型式認可變更之審查及前項所定抽樣檢驗及購樣檢驗，得委託中央主管機關認可之專業機構辦理之。
第一項及第二項所定一般爆竹煙火型式認可與個別認可之申請資格、程序、應備文件、認可要件、審核方式、標示之規格、附加方式、收費、安全標示、型式認可變更及其他應遵行事項之辦法，由中央主管機關定之。

第10條
★☆☆
▢check

一般爆竹煙火之型式認可，有下列情形之一者，得予廢止：
一、未依規定附加認可標示或附加方式不合規定，經限期改善，屆期未改善。
二、無正當理由拒絕抽樣檢驗。
三、依前條第五項規定檢驗結果，不符型式認可內容，經限期改善，屆期未改善。
四、消費者依照安全方式使用，仍造成傷亡或事故。
五、將認可標示轉讓或租借他人。
一般爆竹煙火經依前項規定廢止型式認可者，其認可證書及認可標示，由中央主管機關註銷並公告之；其負責人應依中央主管機關所定期限，回收製造、儲存或販賣場所之一般爆竹煙火，並自廢止之日起2年內，不得再提出型式認可之申請。

第11條
★☆☆
▢check

輸入待申請型式認可之一般爆竹煙火者，應檢附輸入者、一般爆竹煙火種類、規格、數量、輸入地、包裝情形、儲存場所與出進口廠商證明文件、押運人、運輸方法及經過路線資料，向中央主管機關申請發給許可文件。
輸入待申請個別認可之一般爆竹煙火者，除前項所定文件外，並應檢附型式認可證書影本，向中央主管機關申請發給許可文件。
依前項規定輸入之一般爆竹煙火，應運至合格儲存地點放置，並通知當地直轄市、縣(市)主管機關辦理封存，經個別認可合格，或經中央主管機關同意後，始得向當地直轄市、縣(市)主管機關申請解除封存。

第12條
☆☆☆
▢check

販賣一般爆竹煙火，不得以自動販賣、郵購或其他無法辨識購買者年齡之方式為之。

第13條
☆☆☆
▢check

父母、監護人或其他實際照顧兒童之人於兒童施放一般爆竹煙火時，應行陪同。

中央主管機關得公告禁止兒童施放之一般爆竹煙火種類。

前項公告之一般爆竹煙火，不得販賣予兒童。

第14條
☆☆☆
▢check

輸入專業爆竹煙火，應檢附輸入者、種類、規格、數量、輸入地、包裝情形、儲存場所與出進口廠商證明文件、押運人、運輸方法、經過路線資料及直轄市、縣(市)主管機關核發施放許可或備查文件等資料，向中央主管機關申請發給許可文件。

輸入之專業爆竹煙火應運至合格儲存地點放置，並於通知當地直轄市、縣(市)主管機關清點數量後辦理入庫。

取得專業爆竹煙火輸入許可者，其申請資料有變更時，應檢附原許可文件及相關證明文件，向中央主管機關辦理變更。

經中央主管機關許可輸入專業爆竹煙火，有下列情形之一者，中央主管機關得撤銷或廢止其許可，並得逕行或命輸入者銷毀或復運出口：

一、申請輸入資料虛偽不實。
二、違反第二項或第三項規定。

第15條
★★★
▢check

下列場所及其基地內，不得施放爆竹煙火：

一、石油煉製工廠。
二、加油站、加氣站、漁船加油站。
三、儲油設備之油槽區。
四、彈藥庫、火藥庫。
五、可燃性氣體儲槽。
六、公共危險物品與可燃性高壓氣體製造、儲存及處理場所。
七、爆竹煙火製造、儲存及販賣場所。

施放一般爆竹煙火時，應與前項各款所定場所及其基地之外牆或相當於外牆之設施外側保持一般爆竹煙火所標示之安全距離。

第16條
★☆☆
▢check

施放第二項以外之專業爆竹煙火，其負責人應於施放5日前檢具施放時間、地點、種類、數量、來源及安全防護措施等文件資料，向直轄市、縣(市)主管機關申請發給許可文件後，始得為之。

施放一定數量以下之舞臺煙火，其負責人應於施放前報請直轄市、縣(市)主管機關備查。但施放數量在中央主管機關公告數量以下者，得免報請備查。

前二項專業爆竹煙火應於運出儲存地點前，將相關資料報請當地與臨時儲存場所及施放地點所在地之直轄市、縣(市)主管機關備查後，始得運出儲存地點。施放作業前之儲存，並應於合格之臨時儲存場所為之。

專業爆竹煙火施放時應保持之安全距離、施放之安全作業方式、施放人員之資格、第二項所定一定數量及其他應遵行事項之辦法，由中央主管機關定之。

第17條 ☆☆☆ ▢check

直轄市、縣(市)主管機關基於公共安全及公共安寧之必要，得制(訂)定爆竹煙火禁止施放地區、時間、種類、施放方式及施放人員資格之自治法規。

第18條 ★★☆ ▢check

爆竹煙火製造場所及達中央主管機關所定管制量30倍之儲存、販賣場所之負責人，應選任爆竹煙火監督人，責其訂定安全防護計畫，報請直轄市、縣(市)主管機關備查，並依該計畫執行有關爆竹煙火安全管理上必要之業務；安全防護計畫修正時，亦同。
爆竹煙火監督人選任後15日內，應報請直轄市、縣(市)主管機關備查；異動時，亦同。
第一項所定爆竹煙火監督人，應經中央主管機關或其認可之專業機構施予訓練，並領有合格證書，始得充任；任職期間，並應定期接受複訓，費用由受訓人員自行負擔。

第19條
★☆☆
▢check

爆竹煙火之製造、儲存或販賣場所，於附近發生火災或其他狀況致生危險時，或爆竹煙火產生煙霧、異味或變質等狀況，致影響其安定性時，其負責人或爆竹煙火監督人應立即採取下列緊急安全措施：

一、向當地消防主管機關報案。
二、發生狀況場所周圍之機具設備，全部或部分停止使用。
三、發生狀況場所周圍之爆竹煙火成品、半成品及原料，搬離至安全處所。

第20條
★☆☆
▢check

爆竹煙火製造場所、達中央主管機關所定管制量之儲存場所與輸入者，及輸入或販賣達中央主管機關公告數量之氯酸鉀或過氯酸鉀者，其負責人應登記進出之爆竹煙火原料、半成品、成品、氯酸鉀及過氯酸鉀之種類、數量、時間、來源及流向等項目，以備稽查；其紀錄應至少保存5年，並應於次月15日前向直轄市、縣(市)主管機關申報前1個月之紀錄。

第21條

☆☆☆

▢check

直轄市、縣(市)主管機關得派員進入爆竹煙火製造、儲存或販賣場所，

就其安全防護設施、相關資料及其他必要之物件實施檢查，被檢查者不得規避、妨礙或拒絕，並得詢問負責人與相關人員，及要求提供相關資料。

前項規定之檢查人員於執行檢查職務時，應主動出示有關執行職務之證明文件或顯示足資辨別之標誌，並不得妨礙該場所正常業務之進行。

對於非法製造、儲存或販賣爆竹煙火之場所，有具體事實足認為有危害公共安全之虞者，直轄市、縣(市)主管機關得派員進入執行檢查或取締。

直轄市、縣(市)主管機關執行第一項及前項所定檢查及取締，必要時，得商請轄區內警察機關協助之。

第22條

☆☆☆

▢check

爆竹煙火之製造場所與達中央主管機關所定管制量之儲存、販賣場所及專業爆竹煙火施放場所，其負責人應投保公共意外責任保險。

前項所定公共意外責任保險之保險金額及施行日期，由中央主管機關公告之。

第23條 ☆☆☆ ▢check

第九條第六項及第十八條第三項所定專業機構，其認可之申請、發給、撤銷、廢止、收費及其他應遵行事項之辦法，由中央主管機關定之。

第24條 ★☆☆ ▢check

未經許可擅自製造爆竹煙火，處負責人及實際負責執行業務之人3年以下有期徒刑、拘役或併科新臺幣30萬元以上300萬元以下罰金。

犯前項之罪因而致人於死者，處3年以上10年以下有期徒刑，得併科新臺幣200萬元以上1000萬元以下罰金；致重傷者，處1年以上7年以下有期徒刑，得併科新臺幣100萬元以上500萬元以下罰金。

第一項未經許可擅自製造爆竹煙火所得之利益超過法定罰金最高額者，得於所得利益之範圍內酌量加重，不受法定罰金最高額之限制。

第25條 ★☆☆ ▢check

違反本條例規定，經予停工或停業之處分後，擅自復工或繼續營業者，應勒令停工或立即停業，並處負責人2年以下有期徒刑、拘役或科或併科新臺幣100萬元以下罰金。

第26條 ★☆☆ ▢check

有下列各款情事之一者，處新臺幣60萬元以上300萬元以下罰鍰：

一、違反第十九條規定。

> 有危險時負責人或爆竹煙火監督人未立即採取下列緊急安全措施。

二、合法爆竹煙火製造業者提供原料或半成品予第三人，於本條例規定之製造場所以外地點，從事製造、加工等作業。

違反前項第二款規定者，並命其限期改善；屆期未改善者，得按次處罰，並得予以停工或停業之處分。

第27條 ☆☆☆ ▢check

有下列各款情事之一者，處新臺幣30萬元以上150萬元以下罰鍰：

一、爆竹煙火製造場所或達中央主管機關所定管制量30倍之儲存、販賣場所，違反依第四條第二項所定辦法中有關位置、構造或設備設置之規定。

二、違反第七條第一項或第三項規定。

三、製造、輸入業者或零售商以外之供應者，違反第九條第三項規定販賣或陳列未附加認可標示之一般爆竹煙火。

四、違反第九條第四項規定，未經中央主管機關同意或命令，即將個別認可不合格之一般爆竹煙火運出儲存地點。

五、違反第十條第二項規定，未於中央主管機關所定期限內，回收一般爆竹煙火。

六、違反第十一條第一項、第二項、第十四條第一項或第十六條第三項規定。

七、爆竹煙火製造場所、達中央主管機關所定管制量30倍之儲存、販賣場所，其負責人違反第二十二條規定，未投保公共意外責任保險、保險期間屆滿未予續保、投保後無故退保，或投保金額未達中央主管機關公告之數額。

有前項第一款或第七款規定之情形者，並命其限期改善；屆期未改善者，得按次處罰，並得予以停工或停業之處分。

第28條

☆☆☆

▢check

有下列各款情事之一者，處新臺幣6萬元以上30萬元以下罰鍰：

一、未達中央主管機關所定管制量30倍之儲存或販賣場所，違反依第四條第二項所定辦法中有關位置、構造或設備設置之規定。

二、爆竹煙火製造場所及達中央主管機關所定管制量之儲存或販賣場所，違反依第四條第二項所定辦法中有關安全管理之規定。

三、違反第六條第二項規定。

四、規避、妨礙或拒絕主管機關依第九條第五項規定所為之檢驗或依第二十一條第一項及第三項規定所為之檢查、詢問、要求提供資料或取締。
五、違反第十一條第三項或第十四條第二項規定。
六、違反第十五條第一項規定。
七、違反第二十條規定，未登記相關資料、未依限保存紀錄、未依限申報紀錄或申報不實。
八、未達中央主管機關所定管制量30倍之爆竹煙火儲存、販賣場所或專業爆竹煙火施放場所，其負責人違反第二十二條規定，未投保公共意外責任保險、保險期間屆滿未予續保、投保後無故退保，或投保金額未達中央主管機關公告之數額。

有前項第一款、第二款、第七款或第八款規定情形之一者，並命其限期改善；屆期未改善者，得按次處罰，並得予以停工或停業之處分。

有第一項第四款或第五款情形者，並得按次處罰及強制執行檢查。

第29條
☆☆☆
□check

有下列各款情事之一者，處新臺幣3萬元以上15萬元以下罰鍰：

一、違反第七條第二項規定。

二、第二十七條第一項第三款以外之人，違反第九條第三項規定，販賣或陳列未附加認可標示之一般爆竹煙火。

三、違反依第九條第七項所定辦法中有關安全標示之規定。

四、違反第十二條或第十三條第三項規定。

五、違反第十六條第一項或第二項規定。

六、違反依第十六條第四項所定辦法中有關施放專業爆竹煙火之安全作業

方式或施放人員資格之規定。

七、違反直轄市、縣(市)主管機關依第十七條所定自治法規中有關爆竹煙火施放地區、時間、種類、施放方式或施放人員資格之規定。

八、違反第十八條規定。

有前項第八款情形者，並命其限期改善；屆期未改善者，得按次處罰，並得予以停工或停業之處分。

第30條

☆☆☆

▢check

有下列各款情事之一者，處新臺幣**3000**元以上**15000**元以下罰鍰：

一、違反第九條第三項規定，持有未附加認可標示之爆竹煙火，達中央主管機關所定管制量**1/5**。

二、違反第十三條第一項規定。

第31條

☆☆☆

▢check

依本條例規定申請輸入或販賣氯酸鉀或過氯酸鉀後，未經許可擅自製造爆竹煙火者，中央主管機關得停止其輸入或販賣氯酸鉀或過氯酸鉀**1**年以上**5**年以下。

依本條例規定申請輸入之爆竹煙火，違反依第四條第二項所定辦法中有關儲存爆竹煙火之規定，致生火災或爆炸者，中央主管機關得停止其輸入爆竹煙火**1**年以上**5**年以下。

依本條例規定申請輸入或販賣氯酸鉀或過氯酸鉀，其申請輸入之資料有虛偽不實、違反第七條第二項、第三項或第二十條規定者，中央主管機關得停止其輸入或販賣氯酸鉀或過氯酸鉀六個月以上3年以下。

依本條例規定申請輸入爆竹煙火，有下列各款情事之一者，中央主管機關得停止其輸入爆竹煙火1個月以上1年以下：

一、申請輸入之資料有虛偽不實。

二、違反第十一條第三項或第十四條第二項規定。

三、違反第十六條第三項規定，未報請主管機關備查，即自行運出儲存地點。

四、違反第二十條規定，未向主管機關申報紀錄，或申報不實。

第32條

☆☆☆

▢check

違反本條例規定製造、儲存、解除封存、運出儲存地點、販賣、施放、持有或陳列之爆竹煙火，其成品、半成品、原料、專供製造爆竹煙火機具或施放器具，不問屬於何人所有，直轄市、縣(市)主管機關應逕予沒入。

依前項規定沒入之專供製造爆竹

煙火機具、施放器具、原料及有認可標示之爆竹煙火，得變賣、拍賣予合法之業者或銷毀之；未有認可標示之爆竹煙火成品及半成品，應於拍照存證並記載其數量後銷毀之。

第33條
☆☆☆
▢check

軍事機關自行使用之爆竹煙火、氯酸鉀或過氯酸鉀，其製造、輸入及儲存，不適用本條例規定；其施放，依本條例規定。
海關依法應處理之爆竹煙火，其儲存，不適用本條例規定。

第34條
☆☆☆
▢check

本條例施行細則，由中央主管機關定之。

第35條
☆☆☆
▢check

本條例自公布日施行。

第十二篇

爆竹煙火管理條例施行細則

民國110年06月03日

第1條 ☆☆☆ ▢check

本細則依爆竹煙火管理條例(以下簡稱本條例)第三十四條規定訂定之。

第2條 ★☆☆ ▢check

本條例第三條第二項第一款所定之一般爆竹煙火，其種類如下：

一、火花類。
二、旋轉類。
三、行走類。
四、飛行類。
五、升空類。
六、爆炸音類。
七、煙霧類。
八、摔炮類。
九、其他類。

第3條 ★★☆ ▢check

本條例第四條第一項所稱爆竹煙火之製造場所，指以氯酸鹽、過氯酸鹽、硝酸鹽、硫、硫化物、磷化物、木炭粉、金屬粉末及其他原料，配製火藥製造爆竹煙火或對爆竹煙火之成品、半成品予以加工之場所。

第4條

★★☆

▢check

本條例第四條第一項所定爆竹煙火儲存、販賣場所之管制量如下：

一、舞臺煙火以外之專業爆竹煙火：總重量**0.5**公斤。

二、摔炮類一般爆竹煙火：火藥量**0.3**公斤或總重量**1.5**公斤。

三、摔炮類以外之一般爆竹煙火及舞臺煙火：火藥量**5**公斤或總重量**25**公斤。但火花類之手持火花類及爆炸音類之排炮、連珠炮、無紙屑炮類管制量為火藥量**10**公斤或總重量**50**公斤。

前項管制量，除依本條例第九條第一項附加認可標示之一般爆竹煙火以火藥量計算外，其餘以爆竹煙火總重量計算之；爆竹煙火種類在2種以上時，以各該爆竹煙火火藥量或總重量除以其管制量，所得商數之和為**1**以上時，即達管制量以上。

每一種按照比例計算，超過100%即是管制量以上。

第5條
☆☆☆
▢check

本條例第九條第四項所定命申請人銷毀及第十四條第四項所定命輸入者銷
毀，應依下列規定辦理：

一、將銷毀時間、地點、方式及安全防護計畫，事先報請所轄直轄市、縣(市)主管機關核定。

二、銷毀採引火方式者，應選擇空曠、遠離人煙及易燃物之處所，在銷毀地點四周應設置適當之阻絕設施及防火間隔，配置滅火器材或設備，並將銷毀日期、時間、地點通知鄰接地之所有人、管理人，或以適當方法公告之。

三、於上午**8**時後下午**6**時前為之，並應派人警戒監視，銷毀完成俟確認滅火後始得離開。

第6條

☆☆☆

▢check

依本條例第十一條第三項規定辦理封存之程序如下：

一、核對輸入之一般爆竹煙火與型式認可證書記載內容是否相符。

二、核對進口報單與申請輸入許可相關文件記載事項是否相符。

三、確認儲存場所為合格者，且與申請輸入許可相關文件記載相符。

四、查核運輸駕駛人及車輛是否分別依規定取得有效之訓練證明書及臨時通行證。

五、封存以封條為之，封條應加蓋直轄市、縣(市)主管機關關防並註明日期。

依本條例第十一條第三項規定辦理解除封存及其後續處理之程序如下：

一、經個別認可合格者，應出示個別認可合格文件，向當地直轄市、縣(市)主管機關申請解除封存。

二、經個別認可不合格者，應出示中央主管機關同意文件，向當地直轄市、縣(市)主管機關申請解除封存後，始得依本條例第九條第四項規定，運出儲存地點辦理修補、銷毀或復運出口。

第7條

☆☆☆

▢check

依本條例第十六條第一項規定施放專業爆竹煙火，其負責人應於施放5日前填具申請書，並檢附下列文件一式三份，向直轄市、縣(市)主管機關申請許可：

一、負責人國民身分證影本。

二、製造或輸入者登記或立案證書影本。

三、施放清冊：應記載施放之日期、時間、地點及專業爆竹煙火名稱、數量、規格、照片。

四、標示安全距離之施放場所平面圖。

五、專業爆竹煙火效果、施放方式、施放器具及附有照片或圖樣之作業場所說明書。

六、施放安全防護計畫：應記載施放時間、警戒、滅火、救護、現場交通管制及觀眾疏散等應變事項。

七、施放人員名冊及專業證明文件影本。
八、其他由直轄市、縣(市)主管機關認定之文件。

前項申請書內容或檢附之文件不完備者，直轄市、縣(市)主管機關得定期命其補正；必要時，並得至現場勘查。

第8條
★☆☆
▢check

本條例第十八條所定爆竹煙火監督人，應為爆竹煙火製造場所或達中央主管機關所定管制量**30**倍以上儲存、販賣場所之管理或監督層次幹部。

爆竹煙火監督人任職期間，每**2**年至少應接受複訓1次。

本條例第十八條第三項所定訓練之時間，不得少於24小時，其課程如下：

一、消防常識及消防安全設備維護、操作。
二、火災及爆炸預防。
三、自衛消防編組。
四、火藥常識。
五、爆竹煙火管理法令介紹。
六、場所安全管理及安全防護計畫。

七、專業爆竹煙火施放活動規劃。
八、專業爆竹煙火施放操作實務。

本條例第十八條第三項所定複訓之時間，不得少於8小時，其課程如下：

一、爆竹煙火安全管理實務探討。
二、爆竹煙火管理法令介紹。
三、安全防護計畫探討。
四、專業爆竹煙火施放實務探討。

第9條

★★☆

▢check

本條例第十八條第一項所定安全防護計畫，包括下列事項：

一、負責人及爆竹煙火監督人之職責。
二、場所安全對策，其內容如下：
  (一) 搬運安全管理。
  (二) 儲存安全管理。
  (三) 製造安全管理。
  (四) 銷毀安全管理。
  (五) 用火用電之監督管理。
  (六) 消防安全設備之維護管理。
三、自衛消防編組。
四、防火避難設施之自行檢查。

五、火災或其他災害發生時之滅火行動、通報連絡、避難引導及緊急安全措施。
六、滅火、通報及避難演練之實施；每半年至少應舉辦1次，每次不得少於4小時，並應事先通知所轄消防主管機關。
七、防災應變之教育訓練。
八、場所位置圖、逃生避難圖及平面圖。
九、防止縱火措施。
十、其他防災應變之必要措施。

第9-1條
☆☆☆
▢check

本條例第二十條所定登記，得以書面或於中央主管機關網路申報系統為之。
依本條例第二十條規定登記流向，應依品目分別載明下列資料：
一、爆竹煙火原料、半成品、氯酸鉀及過氯酸鉀：出貨對象姓名或名稱、地址(如住居所、事務所或營業所)、電話及其他經中央主管機關公告事項。

二、專業爆竹煙火成品：出貨對象、活動名稱與地點及其他經中央主管機關公告事項。
三、一般爆竹煙火成品：
(一) 單筆或1個月內同一登記對象或同一登記地址達中央主管機關所定管制量：出貨對象姓名或名稱、地址(如住居所、事務所或營業所)、電話及其他經中央主管機關公告事項。
(二) 前目以外之一般爆竹煙火成品：出貨對象姓名或名稱、電話及所在之直轄市、縣(市)。

第10條
★☆☆
▢check

直轄市、縣(市)主管機關依本條例第三十二條第二項規定進行銷毀之程序如下：
一、於安全、空曠處所進行，並採取必要之安全防護措施。
二、於上午8時後下午6時前為之，並應派人警戒監視，銷毀完成俟確認滅火後始得離開。
三、應製作銷毀紀錄，記載沒入

處分書編號、被處分人姓名、沒入爆竹煙火名稱、單位、數(重)量及沒入時間、銷毀時間，並檢附相片。

中央主管機關依本條例第九條第四項及第十四條第四項規定逕行銷毀，應先通知當地主管機關，再依前項第一款及第二款規定辦理，並製作銷毀紀錄，記載銷毀之爆竹煙火名稱、單位、數(重)量及銷毀時間，及檢附相片。

第11條 本細則自發布日施行。

☆☆☆

▢check

消防法規隨身讀 (第一冊)

作　　者：江軍 / 劉誠　彙編
企劃編輯：郭季柔
文字編輯：江雅鈴
設計裝幀：張寶莉
發 行 人：廖文良

發 行 所：碁峰資訊股份有限公司
地　　址：台北市南港區三重路 66 號 7 樓之 6
電　　話：(02)2788-2408
傳　　真：(02)8192-4433
網　　站：www.gotop.com.tw
書　　號：ACR00990001
版　　次：2025 年 03 月初版
建議售價：NT$690 (全套三冊)

國家圖書館出版品預行編目資料

消防法規隨身讀 / 江軍, 劉誠彙編. -- 初版. -- 臺北市：碁峰資訊, 2025.03
冊；　公分
ISBN 978-626-425-025-2(全套：平裝)
1.CST：消防法規
575.87023　　114001966